建筑与材料

建筑元素的运用

〔西〕克里斯蒂娜·帕雷德斯·贝尼特斯　编

及炜煜　译

中国建筑工业出版社

著作权合同登记图字：01–2011–7380号

图书在版编目（CIP）数据

建筑与材料　建筑元素的运用／（西）贝尼特斯编；
及炜煜译. —北京：中国建筑工业出版社，2016.7
　ISBN 978-7-112-19458-2

　Ⅰ.①建…　Ⅱ.①贝…②及…　Ⅲ.①建筑材料
Ⅳ.①TU5

中国版本图书馆CIP数据核字（2016）第110790号

责任编辑：戚琳琳
责任校对：陈晶晶　李美娜

建筑与材料
建筑元素的运用
[西] 克里斯蒂娜·帕雷德斯·贝尼特斯　编
及炜煜　译

*
中国建筑工业出版社出版、发行（北京西郊百万庄）
各地新华书店、建筑书店经销
北京锋尚制版有限公司制版
北京方嘉彩色印刷有限责任公司印刷
*
开本：850×1168毫米　1/16　印张：16　字数：306千字
2017年1月第一版　2017年1月第一次印刷
定价：**129.00**元
ISBN 978 – 7 – 112 – 19458 – 2
　　　　（28544）
版权所有　翻印必究
如有印装质量问题，可寄本社退换
（邮政编码100037）

建筑与材料

建筑元素的运用

目录

石材

木材

3 玻璃

4 金属

5 混凝土

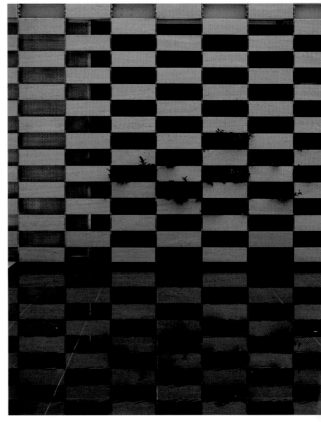

前言

由于建筑具有能够为人类提供临时或固定的居住或工作场所的功能，所以建筑材料已经成为人类发展历史长河中的一部分。从最简单的材料，如石材、木材，到更加新型复杂的材料，如塑料或者金属合金，它们的改变足以证明科学技术的影响力。人类使用的各种建筑材料已然经历了多年的变迁，直到今天，混凝土似乎仍是最常用的一种。尽管市场上各种新型产品层出不穷，那些传统的材料却不仅仅被简单地保留下来，而是成了更加昂贵的奢侈品。

建筑材料被定义为"为了能够永久性地成为建筑物的组成部分而被生产出的产品，包括楼房和基础设施（Bustillo,2005）"。这个定义既包含了那些几乎不再需要人为加工的材料——比如天然石材和木材，也包含了需要经过复杂工艺流程生产出来的产品，比如玻璃、混凝土或者金属。有一些材料在自然状态下就

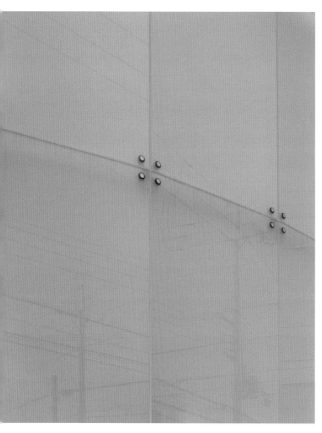

可以被人类使用，比如石材。而另一些材料，例如金属，则是由氧化物、氢氧化物和从废铁、铝、铅中提取出来的硫黄以及其他一些元素化合而成的。玻璃的生产制造也是一个化学合成的过程。此外，建筑工程开工前，所有将被使用到的材料，都需要符合严格的技术规范。

如果想懂得如何为特定的房屋选取建筑材料，掌握与材料性能相关的知识是非常必要的。有材料学家给材料性能下的定义为："当给予某种特定的外界刺激时，该材料会表现出的反应"（Bustillo,2005），木材或者石料的碎片在干燥时会发生变形就是很典型的例子。材料性能可以被归类为6大主要类别：力学、电学、热力学、磁学、光学和化学，其中，最重要的性能是力学性能和热力学性能。人类通过对材料的这些性能展开的精细研究，建立了建筑工程材料的控制与使用

规范。

材料被施加外力或承受负荷时所表现出来的反应，称为材料的力学性能。材料可以承受通过牵引、挤压、切割或者扭曲而施加于其上的极限程度的压力或者张力，称为材料的力学阻力。举一个最简单的例子，通常状态下，金属是力学阻力最强的材料，尽管容易变形，但它仍然非常适合做建筑的结构材料。热力学特性决定了材料在外界温度变化时的反应，这一点在考虑建筑物材料的绝缘和防火问题时非常重要。此外，这种材料是否会在温度变化时膨胀变形也是必须考虑到的因素。这些性能都是根据材料的热惯性指数、比热容、热阻、传导能力等几个指标来测定的。另外一个非常重要的方面则是材料在温度急升时所表现的反应，它同样也会对材料的力学性能产生影响，比如当地温度发生骤变。

当人们在为房屋选择材料的时候，耐久性是一个十分重要的因素。材料长期维持其性能不变的能力决定了它的使用寿命。耐久性取决于材料在特定区域中需面对的气象条件——如温度、风雨等，同时，也取决于材料是用在室内还是室外。此外，一些物理—化学介质（例如冰会引起石材的开裂）和生物介质（霉变、动物粪便等）也都是需要考虑的因素。

能够应用到建筑中的材料必须满足以下几点要求：即足够的力学阻力和稳定性、遇到火灾时的安全性、卫生、健康、使用中的安全性、隔声、隔热和节能。

在选择材料时，除了分析材料的构成和性能，考虑使用者的感觉也是非常重要的（Hegger,2007）。而且这一点应该作为选择房屋材料时主要考虑的因素之一。在人类的感官里，最主要是视觉（占据了90%），还有触觉，人类借助它们来区分保暖材料如木材和寒

冷材料如金属。此外还有热感觉，比如某些材料能够减小楼宇内温度的分布范围。还有对声音的感觉，比如房屋外面的碎石小径，以及嗅觉，比如木材的味道可以令人愉悦并且制造温暖的气氛。最后，考虑以何种保养手段可以阻止材料老化也是同样有必要的。

　　本书将五种常用建筑材料——木材、石材、金属、玻璃和混凝土分为五个部分。在每一部分中都展示了能够体现建筑材料重要性的住宅项目。建筑师是否采用优质的建筑材料建造房屋，已经成为业主衡量家庭住宅品质的一个尺度。随着新型建筑材料的不断出现，建筑成本将会降低，其对环境的负面影响将会减小，同时，房屋质量会相应提高，当然，我们的生活质量亦会随之提高。

石材

在建筑中使用石材至少可以追溯到1万年前。当时，石材已经被用来建造宗教祭祀性建筑、防御型建筑、文化纪念碑和一些土木工程项目，例如桥梁和沟渠。人类还会使用石材去制造一些需要稳定性的结构，比如柱、拱门、地下室、墙壁，以及一些内外部的装饰材料。起初，石材并不是常见的住宅建筑材料，后来，它被越来越多地用到乡村和城市的建筑中。一直至19世纪末叶，混凝土等材料出现之前，石材都是非常重要的建筑材料。

石材属于从自然环境中采集到的矿物质，通常情况下，人类不需要花费很多工作来打磨他们的形状。岩石可以被分为三大类：由大量岩浆冷却形成的火成岩、由不同类别岩石碎片沉积物形成的沉积岩，以及由火成岩与沉积岩经历了一系列转化，改变结构而形成的变质岩，包括大理石、石灰岩、石英岩和片麻岩。

在最终施工之前，石材需要经历从采石场提取、切割、确定尺寸、抛光几个过程。然而，石材同样需要具备一系列特性来保证它能够在建筑物中发挥有效的功能。可以被应用于建筑物中的岩石，主要具备两方面的独特性

能：力学阻力和耐久性。前者取决于岩石本身的特性：它的重力、硬度以及其抗压力。而在测量耐久性时，则有必要把气象因素考虑进去，比如冰冻、风雨和热变化等。

目前，考虑到相对廉价的提取和运输成本，石材还是多用于采石场附近的区域。而在距离远一点的地方，石材只是在建筑物需要翻新的时候才偶尔会被用到。在乡村建筑中，因为需要建造承重墙和烟囱，石料加工有很大的用途，并且石料作为道路铺砌材料的用途也在逐渐增加。还有一些产品，比如石板或者铺路石，它们会被运用于墙壁外侧，或者建筑物内部，有时，它们还被用于配有先进的固定和锚固系统的地方，这是已经取得专利的技术。

葡萄园住宅

艾德林·达林设计

www.aidlin-darling-design.com
美国，加利福尼亚州
2006年
版权所有：John Sutton

这座乡村房屋的设计意图是突出内部空间与外部空间的关系，并且捕捉到环境中的幽静感觉。房屋处在一个贯穿南北轴线的倒影池旁边。倒影池的位置，也为房屋的地理定位提供了一个参照点。建筑物主体以短小的垂直正交线为轴，在地下，酒窖将葡萄园和花园连接起来。而轴线交叉的区域就成为这个住宅项目和公共空间的概念中心，比如门廊和餐厅都安置在那里。石材在视觉、听觉和触觉上产生的效果，使房屋的整体感觉与周围的乡村景色遥相呼应。从设计方案中，可以很明显地看到建筑师对自然环境的关怀：房屋的平面布置与地形地貌和周围环境相呼应，尽管建筑面积很大，结构设计却十分节能。房屋的外形和朝向意味着，在冬天它拥有被动式太阳能供暖系统；在炎热的夏日午后，它还具有遮阳装置。多层次的房屋设计使得自然光可以全天照进房屋的任何角落，同时，倒影池使得房屋在夏天变得清凉。此外，房屋还采用了地热空调系统。这些设计手段，都提升了房屋的能源使用效率。

1　房屋
2　粮仓
3　门卫室
4　葡萄园
5　果园
6　植物园

总平面图

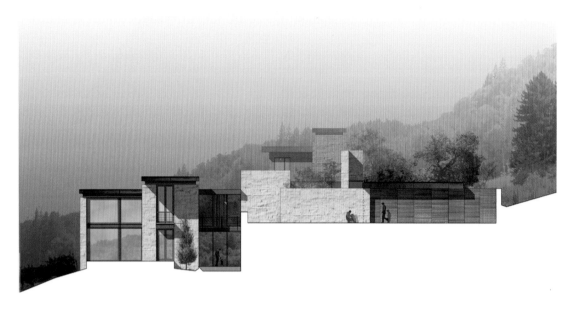

南立面图

北立面图

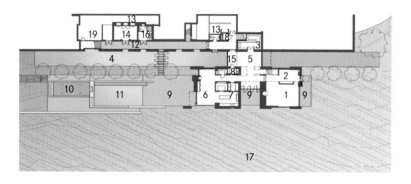

1	两层起居室
2	书房
3	酒窖
4	倒影池
5	餐厅
6	早餐餐厅
7	厨房
8	食品储藏室
9	阁楼
10	餐饮平台
11	游泳池
12	凉廊
13	机械电力设备安装室
14	健身房
15	双层空间
16	更衣室
17	葡萄园
18	电梯
19	储藏室

一层平面图

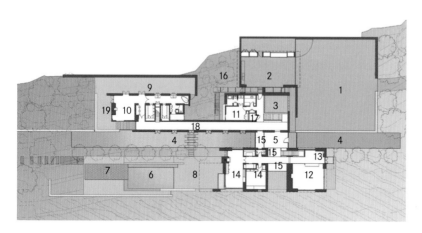

二层平面图

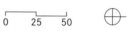

0   25   50

1	停车场
2	车库
3	竹园
4	倒影池底面
5	玄关
6	游泳池底面
7	餐饮平台底面
8	阳台底面
9	雕塑平台
10	主卧室套间
11	卧室套间
12	二层空间与起居室连接处底面
13	阅览室
14	办公室
15	向一层开放空间
16	花园
17	电梯
18	画廊
19	阳台

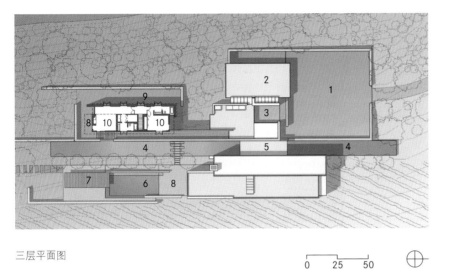

1 停车场
2 车库底面
3 竹园底面
4 倒影池底面
5 玄关底面
6 游泳池底面
7 餐饮平台底面
8 阳台底面
9 雕塑平台底面
10 卧室套间

三层平面图

0   25   50

这座房屋的一个入口，是由两面高耸的石墙支撑的框架
结构。没有高度差的内外墙，增强了房屋在空间上的连续性。

河边住宅

A – Cero建筑与规划研究

www.a-cero.com
西班牙，阿克鲁尼亚
2006年
版权所有：Xurxo Lobato

这座大型住宅位于一块面积约2000m²的土地上。土地不规则的形状和坡度影响了住宅的施工。这座建筑物由几个立方体和倾斜墙合并而成向西敞开，映入眼帘的是阿克鲁尼亚河流（A Coruña River）的景色。住宅整体铺设大型、白色、自然的罗马石灰华大理石平板。这种材料与立方体共同形成的区域强调了形状的纯粹性，并有着大型岩石的外观。

那些不同区域的连接处同样创造了新的空间。地下室有一间车库、一间健身房和两间配有独立浴室和更衣室的卧室。一层通过一个日光浴室和观景台与外部通透。在这部分空间里，设计师省略掉了那些可能会阻碍视线的建筑元素比如墙壁和扶手等。在一层还设有厨房、餐厅、两间卧室和一间游戏室。不平整的底面和楼层高度意味着可以将游泳池和更衣室布置在首层。可以欣赏河岸景观的主卧室，以及主浴室与盥洗室被安置在顶层。为了营造一个整洁开放的空间，任何与这个区域的直接观感有偏离的多余因素都被建筑师规避掉了。

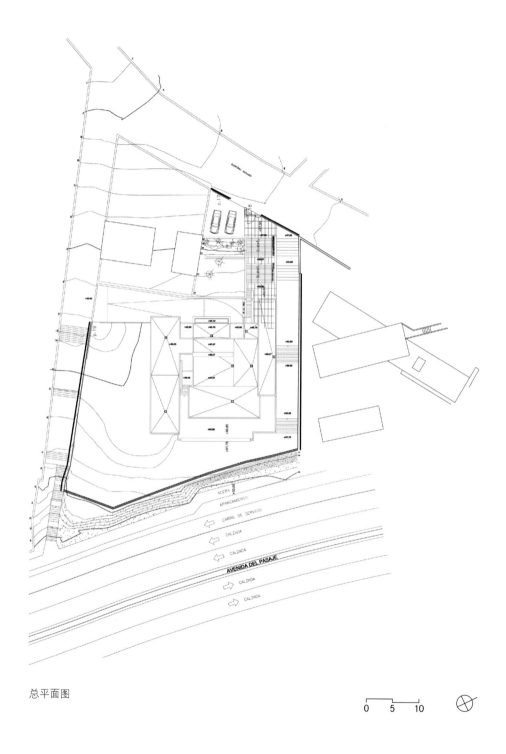

总平面图

0 5 10

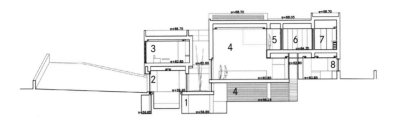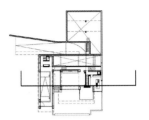

横向剖面图

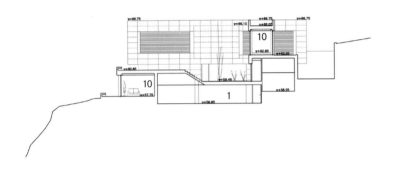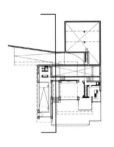

纵向剖面图

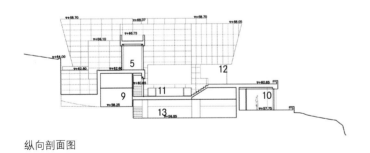

纵向剖面图

1	健身房	8	厨房	15	入口
2	杂物室	9	车库	16	安装控制室
3	游戏室	10	卧室	17	主卧室
4	起居室	11	露天平台	18	餐厅
5	门厅	12	门廊	19	玄关
6	盥洗室	13	地窖	20	浴室
7	主卧室	14	书房	21	办公室

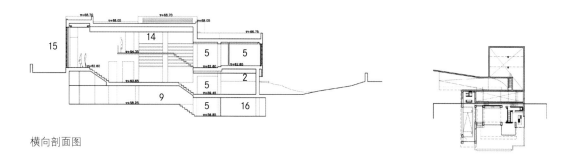

横向剖面图

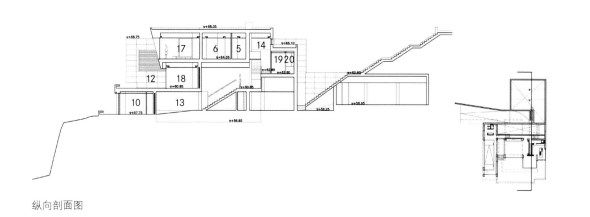

纵向剖面图

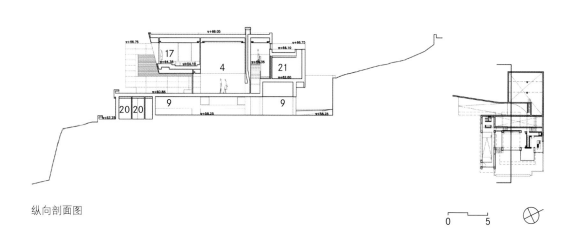

纵向剖面图

0   5

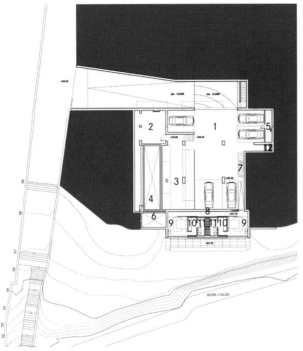

1　车库
2　安装控制室
3　地窖
4　游泳池深度
5　游泳池设备室
6　浮油回收槽
7　楼梯
8　客人通道
9　会客室
10　客人更衣室
11　客人浴室
12　电梯

地下室平面图

1　玄关
2　起居室
3　厨房
4　餐厅
5　遮挡式阳台
6　游泳池通道
7　游泳池
8　可变房间

一层平面图

0　　5　　10

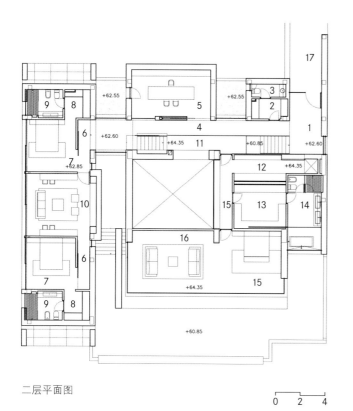

1	玄关
2	玄关处更衣室
3	卫生间
4	门厅
5	办公室
6	儿童区通道
7	儿童卧室
8	儿童更衣室
9	儿童浴室
10	儿童起居室
11	书房
12	主卧室通道
13	主卧室更衣室
14	主浴室
15	主卧室
16	主卧室起居室
17	门廊

二层平面图

0 2 4

　　住宅内的空间按照使用功能来划分。不同水平面的地面
被用来区分不同空间的用途。

莲花屋

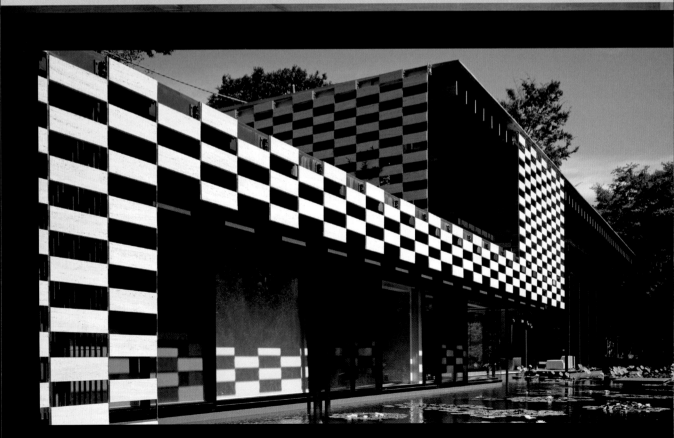

隈研吾建筑事务所

www.kkaa.co.jp
日本，神奈川县
2005年
版权所有：Daici Ano

这座石屋位于群山里一条宁静的河边。建筑师的设计理念是用水和莲花填补房屋与山体间的空白空间，以此来创造一种视觉效果：房屋好像漂浮在河流上，像浮萍一般从森林的一端漂到另一端。建筑物占地面积共530m²，被分为两翼。两翼中间，有一个大庭院将起居室与卧室、车库和厨房分隔开。顶层容纳有一座水景庭院和一间桑拿房，主体部分是由规格为20cm×60cm的带孔薄石灰板构成。在设计这座房屋时，建筑师的理念是创造一个巨大的石室，带有轻质石墙立面，风可以轻轻地，彻底地吹过去。

建筑为不锈钢结构，由扁平钢条组合成一个足以支撑起石板的轻质栅格。因为金属条的厚度大概只有30mm，比石板要薄，所以从外面看，石板貌似悬浮在空中。从建筑师的角度来看，这种用石材实现的轻质结构的理念，是对莲花花瓣的一种诠释。

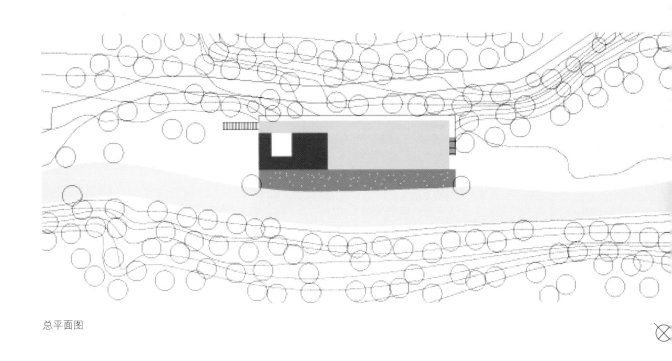

总平面图

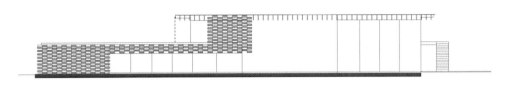

立面图

　　浅颜色的地板、立柱和二层庭院里的石头，与黑色的池塘形成对比。这种设计加重了房屋双色栅格的感觉。

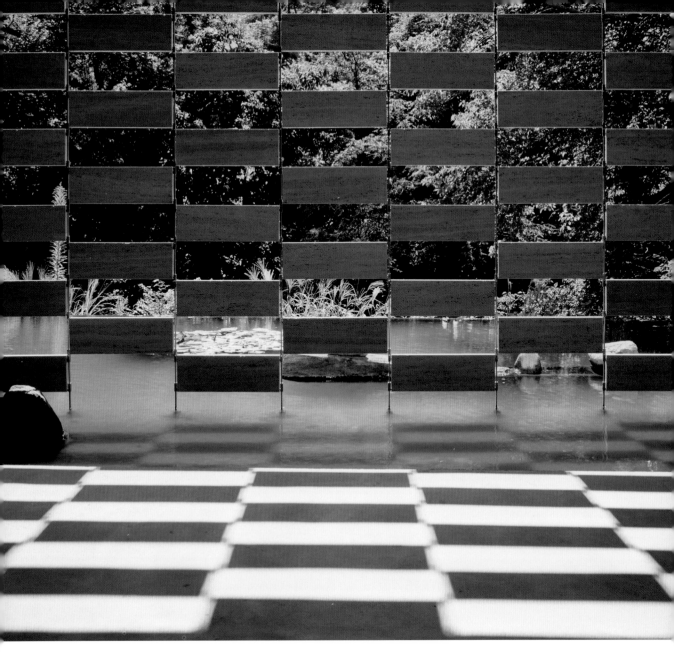

　一个有规律的双色栅格，是由石块的柔光倒影和空白区
域的暗黑色倒影组合而成的。

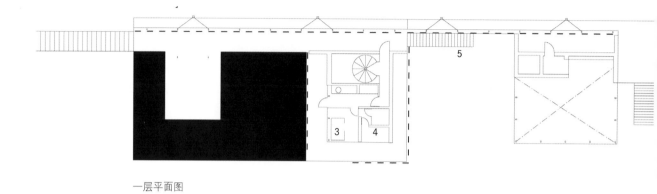

一层平面图

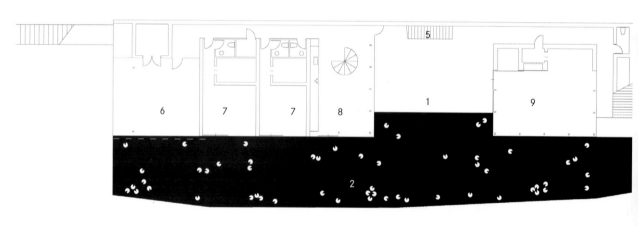

二层平面图

0 2 4

1 庭院
2 池塘
3 浴室
4 桑拿间
5 楼梯
6 车库
7 卧室
8 厨房/餐厅
9 客厅

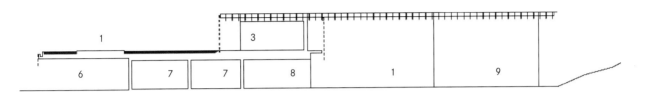

剖面图

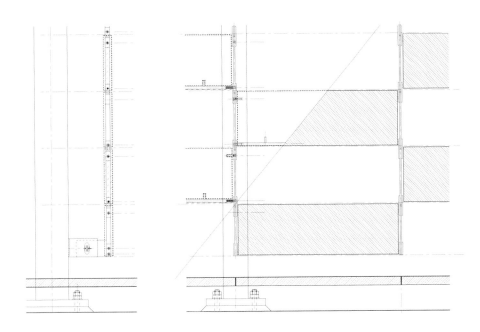

构造详图　　　　　　　　　　　这些详图展示了安装石灰板的轻质不锈钢结构。

Brione 住宅

Markus Wespi Jérôme de Meuron建筑事务所

www.wespidemeuron.ch
瑞士，布里奥内，施波拉，米努西奥
2005年
版权所有：Hannes Henz

　　为了与周围的混乱都市景象形成对比，在设计这座住宅时，建筑师决定抛弃传统房屋的特点，而只采用一些简单的线条。设计成果就是洛迦诺（Locarno）市郊的两座貌似拔地而起的立方体。这座建筑位于一片能领略城市与山水景观的土地上。自然的石壁外立面为两座立方体设定了风格，并且将它们和周围环境融合在一起。这栋房屋有两个可以通光，并且安装木质滑动门的入口。一旦进入室内，就会发现卧室安装的设施都变成了立式，一面混凝土墙向下倾斜几乎垂直于地面。房屋内部的设计和外部一样简单。内墙材料为自然石材与玻璃制品，这种材料提升了房屋的照明效果和房屋与公共空间在视觉上的联系性。房屋的其中一个入口向花园与游泳池敞开，此外，花园与游泳池也可以直接进入，而无须通过房屋入口。房屋内部属于简约抽象派的设计风格，采用最简单连续的线条，没有任何装饰。室内家具同样采用纯色木质材料设计，线条感十足。

厚重的石墙采用的是传统的构造方式，尽管简单，且不加装饰，但是房屋形状令其在四周环境中显得格外突出。

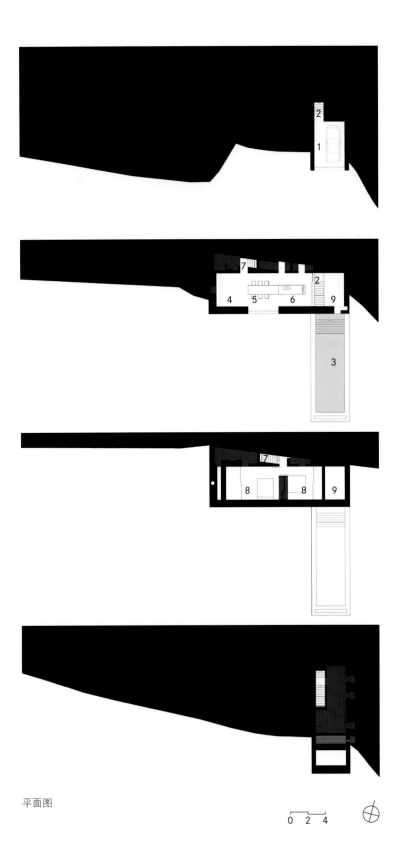

1 车库
2 楼梯
3 游泳池
4 起居室
5 餐厅
6 厨房
7 浴室
8 卧室
9 露天平台

平面图

0 2 4

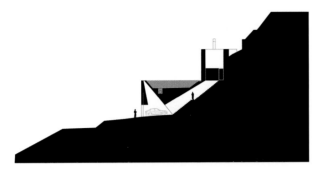

剖面图

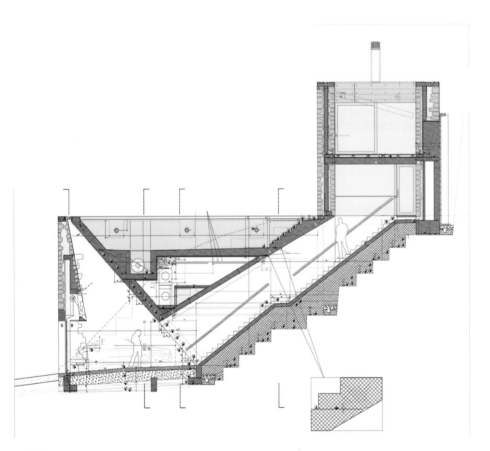

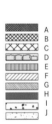

A　平滑的混凝土PC500

B　混凝土B35/25 PC 300

C　轻质混凝土PC150

D　暴露的天然石材

E　符合模数尺寸的砖

F　石灰石砖

G　绝缘泡沫玻璃

H　碎石

I　石膏

J　灰泥墙面

剖面详图

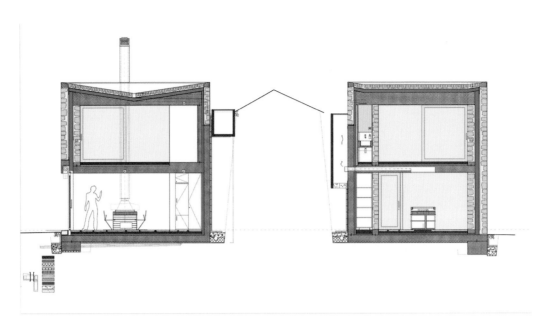

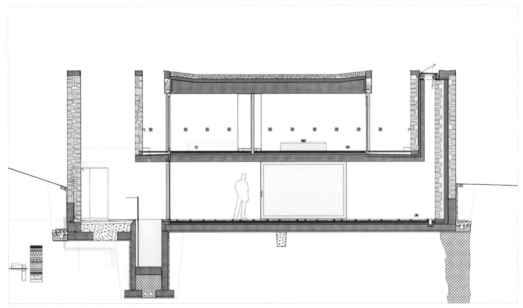

剖面详图

A 平滑的混凝土PC500

B 混凝土B35/25 PC 300

C 轻质混凝土PC150

D 暴露的天然石材

E 符合模数尺寸的砖

F 石灰石砖

G 绝缘泡沫玻璃

H 碎石

I 石膏

J 灰泥墙面

Calafell 住宅

Ramon Robusté, Maria Almirall i Ferrerons
建筑设计项目

www. Arquetipus.com
西班牙，卡拉费尔
2003年
版权所有：Lluís Gené, Ramon Robusté

这是一栋13世纪建于毗邻卡拉费尔（Calafell）城堡的旧贮窖旁边的房屋。项目的目标是翻新年久失修的建筑结构，重新装修内部空间使其变得现代化，以适合21世纪的家庭。此外，因为毗邻古堡，翻修工程面临着严格的市政工程法规的约束。虽然法规主要针对建筑外观，但是同样会影响建筑的内部功能和布局。

而发生在项目经理与城市议会之间的另一场争论则是是否允许自然光照破坏一个原本黑暗的空间。设计师在保留这栋中世纪建筑的固有风格的同时为其增添了新的元素，比如宽阔、敞开式的空间。项目始于对建筑结构和材料的修复，包括：木材保养、替换有缺陷的房梁、清洁修复石墙、屋顶隔热等等。锚固在石墙内的旧陶瓷贮窖也被重新安置并与内部空间整合在一起。翻修工程的标准是要将现有结构与新构造区分开，并且在后者中突出石材的优越性。

　　这是一栋多层建筑。日光照射区域被架高，餐厅被安置
于玻璃地板上面，可以看到一部分的贮窖。

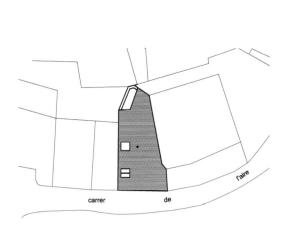

老城区街里的房屋位置图

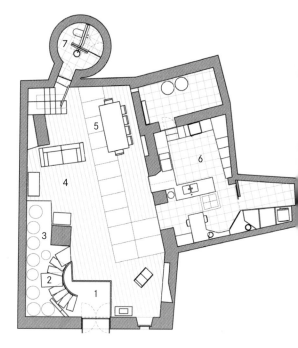

一层平面图

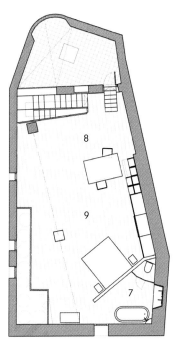

1 入口
2 一层楼梯
3 封闭式贮窖
4 起居室
5 餐厅
6 厨房
7 浴室
8 书房
9 卧室

8

9

7

二层平面图

0 2 4

翻修后主墙壁立面图

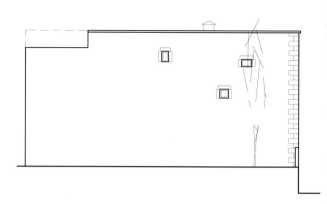

翻修后侧墙壁立面图

房屋入口剖面图

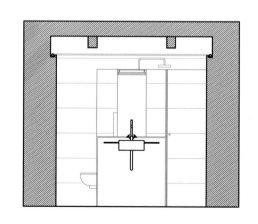

浴室剖面图，位于一个带有旋转楼梯的空间内

木材

木材和它的一些附产品是建筑工程中最重要的材料。在过去几千年间，木材、水泥和石材都是最流行的材料。有史以来，木材因为其具有的力学阻力和低密度的特性而被人类广泛应用。虽然因为一些固有的缺点，在很多建筑中，木材已经被混凝土和钢筋取代，然而木材还是拥有其无法替代的用途，特别是在今天，由于生态建筑的流行和推广，木材开始重新焕发出生机。

木材取自于植物，在被砍伐或者剖成条状之后便可以立即投入使用。木材被称为唯一可再生的建筑材料：人们种植新的树木以便日后砍伐取得木材，而即使木材已经被使用过，它仍然可以被再次循环使用。这样做，可以节约能源，是对大自然的尊重和对生态平衡的保护。

木材被分为两类：针叶柔软树脂类和取自于名贵树种、更加坚硬的阔叶类，比如橡树和枫树。虽然木材的种类就如同树木一样繁多，但是几乎所有的木材都拥有一些共性来保证它们在建筑物中的功能。通常来讲，蜂窝状结构使得木材质轻而强壮，能够承受极大的拉力、压力和弯曲荷载。阔叶类木材比针叶类木材更适合承受

2

综合荷载与拉力荷载，因为阔叶类木材拥有更明显的蜂窝状结构，质地更加紧实强壮。此外，木材内部的水分足以影响其绝大部分性能，因此，为了保证能够正常发挥性能，必须将木材进行干燥处理，使其本身的湿度与周围环境的湿度相同。由于缺乏良好的导热性，木材可以成为非常优质的绝缘体。尽管是可燃性材料，但是由于周边燃烧的特性，反而有着良好的抗火性，如果得到适当的养护，木材可以拥有很高的防火性能。但是，如果用在室外，木材易受到来自天气、霉变和昆虫方面的损害。

木材的颜色和质地使木材成为一种令人感到舒适和温暖的材料。人们在使用木材的悠久历史中，总结出大量的施工方法，并发明了多种副产品。这些副产品，都是通过改变木质纤维结构来改变木材的某些特性，比如木材的阻力便是取决于制造过程中施加于材料本身的压力。不管是木板、胶合板或者其他产品，剩下的木材废料都可以通过加工成为新的性能稳定明确的产品，为建筑领域提供了更多的解决方案。

L住宅

菲利普·卢茨建筑事务所

www.philiplutz.at
奥地利，布雷根茨
2003年
版权所有：Oliver Heissner

　　这个项目源自建于20世纪80年代的一座家庭住宅。建筑师通过一次全面的转换，使得房屋向自然景色与Constanza湖的美景敞开。为了让居住者能够最大化地利用这个美丽的空间，建筑师菲利普·卢茨（Philip Lutz）颠倒了内部空间的分布。在原有的布局里，服务设备被放置在地下室，一层为公共区域，二层是卧室，而新的房屋布局则改变了这种安排。

　　一层的周长并没有改变，但现在已经变成了卧室和书房。一层的屋顶同样作为一个大的新屋顶平台的底座。建筑师将上层地面的边界向山坡方向延伸，创造出一个巨大的不规则形状的悬挑。起居室和厨房设置于二层一个大型的开放空间内。房屋的外立面铺设木制的"鳞片"，用于保温隔热。在房屋内部，木材依然是主导材料，内墙表面、地板和顶棚都铺上了松柏制成的材料。这座房屋是建筑师寻求原始化与智能化建筑解决方案的杰作，为居住者提供了更大的舒适度。

　　二层空间被建筑师设置为日光区，阳台和窗户可以使居住者从房屋的最高点瞭望外面的景色。

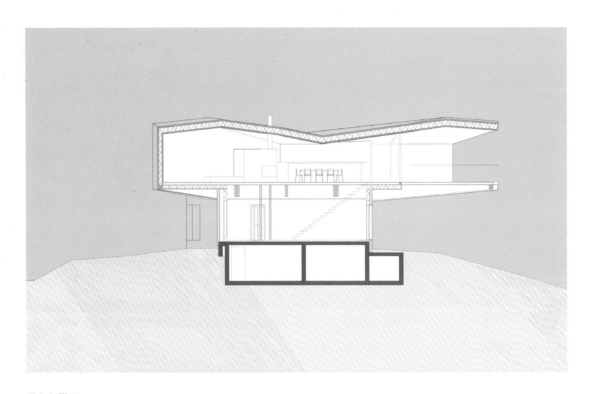

纵向剖面图

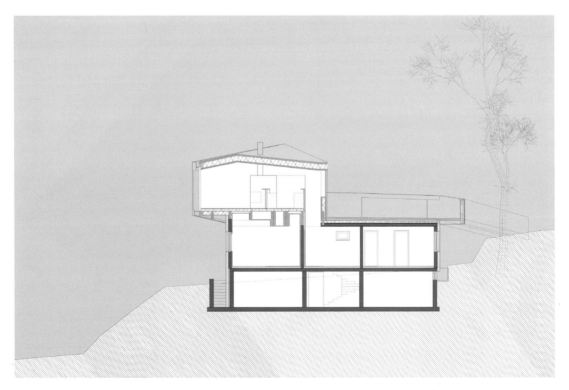

横向剖面图

在房屋外立面的相反一侧，有第二个开放的阳台，用来连接房屋与附近的森林，并且可以作为通向二层的通道。

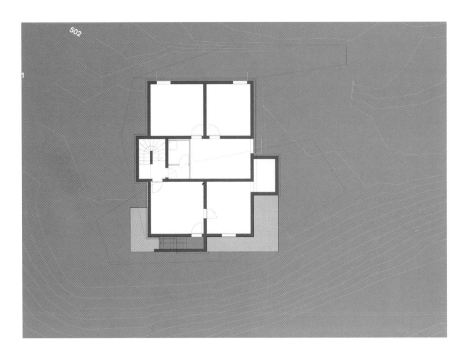

地下室平面图（储藏室和服务室）

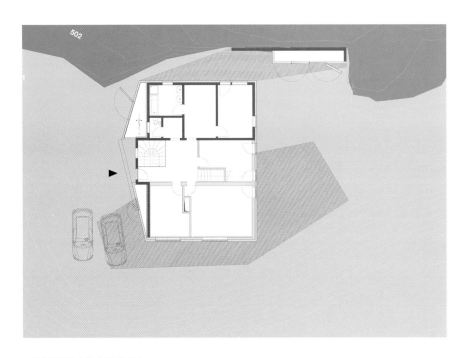

一层平面图（卧室和书房）

0　2　4

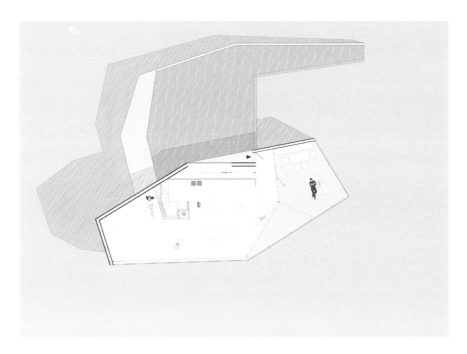

二层平面图（厨房、起居室/餐厅和阳台）

0　2　0

房屋内墙铺设松柏制材料。这种材料明亮的颜色和质地，营造出一种浑然天成的温暖气氛。

Kitchel 住宅

Boora建筑事务所

www.boora.com
美国，俄勒冈州，波特兰
2007年
版权所有：Timothy Hursley

这座房屋的拥有者是一对充满生活热情并且热爱探险的夫妻。在三个孩子中最小的一位也离开他们共同生活20余载的家庭后，他们便决定去开启一段更为宁静和简单的生活。他们在波特兰的山间找到了一块林地，并且邀请Boora建筑事务所设计一座既可以降低周边密度又能保护隐私的住宅。

房屋呈垂直分布，在二、三两层还设有一座阁楼。顶层是主卧室和浴室，室内矮小的白枫木墙使得房间向二层的起居室和厨房方向完全敞开、从而使洪水一般的阳光从大大的落地窗中倾泻进来。在一层有三间卧室、两间浴室和一间带有小厨房的起居室。在房屋的其他部位能够一览众山小的时候，这种设计可以向客人提供足够的隐私。房屋背面是两层高的巨大落地窗，既满足了光照需求，又将室内空间与附近的森林融合在一起。房屋结构和墙面铺层均由雪松木制成。枫木制成的家具和竹子地板创造了一个舒适的室内空间。在经历环球旅行和无数次探险之后，这一对夫妻已经在这座房了内找到了他们梦寐以求的宁静。

　　这个区域的建筑法规对房屋的高度以及林地的布局都有限制。这种"飞去来器"形状的设计既可以适合地形走向，又能够获取到足够的阳光。

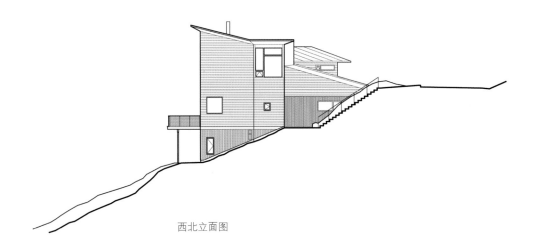

西北立面图

东南立面图

西南立面图

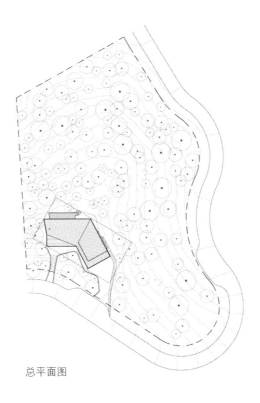

总平面图

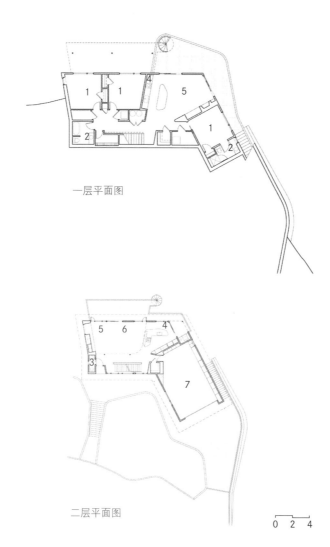

一层平面图

二层平面图

0 2 4

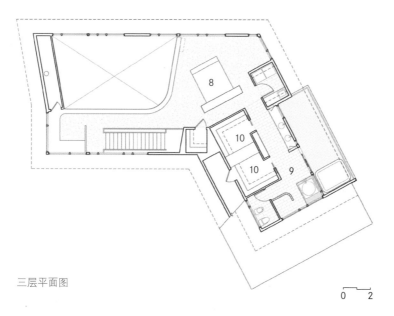

三层平面图

0 2

1 卧室
2 浴室
3 盥洗室
4 厨房
5 起居室
6 餐厅
7 书房
8 主卧室
9 主卧室
10 更衣室

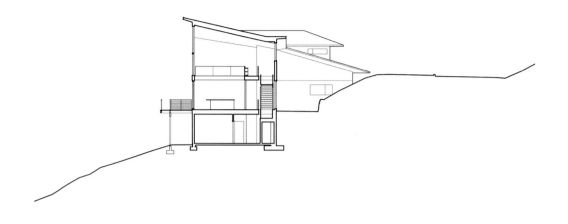

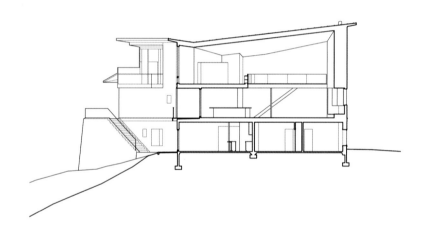

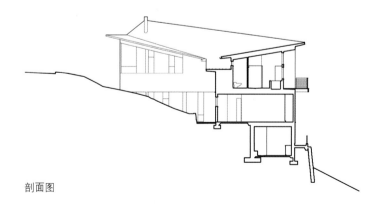

剖面图

Brunsell-Sharples
房屋改建

Obie G. Bowman

www.obiebowman.com
美国，加利福尼亚州，海边农庄别墅
2005年
版权所有：Obie G. Bowman，Robert Foothorap

在这位建筑师的职业生涯中，一直指导其工作的信条之一，就是"对待自然乡村，要用热情去建设，融合乡村的特色而不是破坏"。为了贯彻这一理念，他试图努力将这项房屋改造工程对当地动植物的影响可以降到最低。其中一个工作成果就是这座房屋的屋顶，为了弥补这块林地上因为建房导致的树木的缺失，设计师在屋顶上建造了一个花园，并且种植了当地的植物。这座房屋设计与当地地形走向有机地结合在一起，并与周围环境相融合。房屋的外形经过建筑师的调整，足以对抗这片区域的强风。而为了对南侧的房屋加以保护，南侧的屋顶都被降低了高度，同时，这种做法也为居住者提供了太平洋的壮观景色。这种生物气象学式的设计理念，意味着这座房屋可以获得大量的自然光线，并且在炎炎夏日中享受到微风吹拂。

建筑师的另一个目标是利用循环材料。用桉树木制造房屋骨架，用工厂捡来的废旧砖块制作烟囱，房屋内外都使用到自然系统。同时，这次的改造工程还包括一个新的杉木阳台。

房屋天然的木制外立面，使其与自然环境紧密融合在一起。

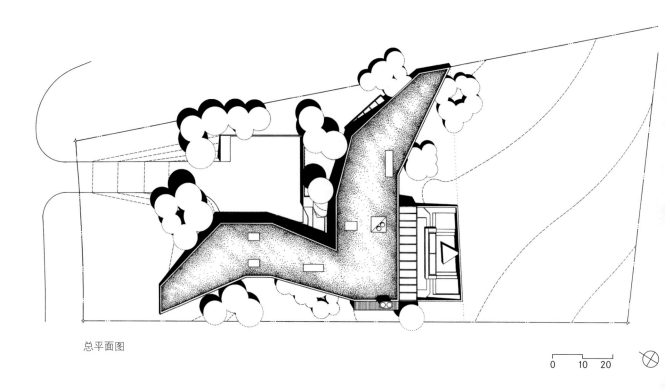

总平面图

0   10   20

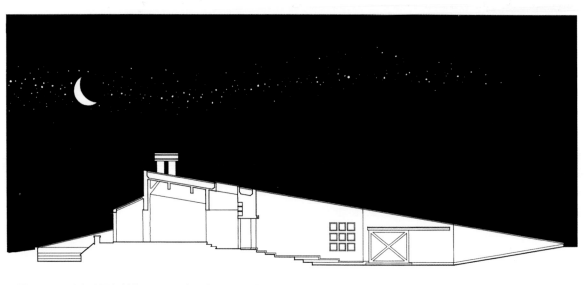

立面图。图示为向地面倾斜的屋顶，这种设计可以保护房屋免
受飓风的损害。

0   5   10

这种低屋顶设计很好地适应了太平洋强劲的海风，并且
为房屋提供了庇护。

　　屋顶上的植被实现了将房屋与自然景观相融合的目标，
并且保持了与乡村自然景色的一致性。

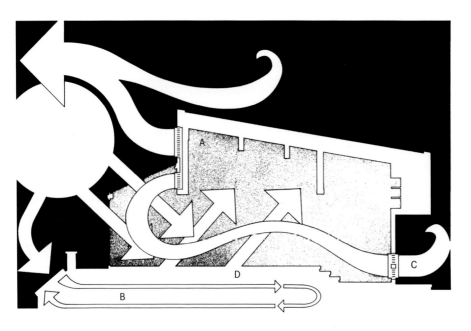

A 连续的排水管
B 太阳能热水集水器
C 进气百叶窗
D 混凝土地面上铺砌的砖层

生物气候图

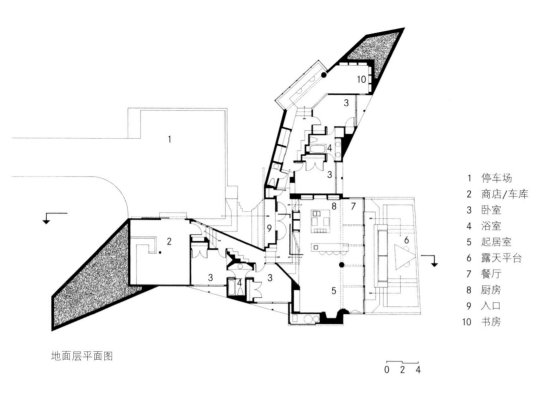

1　停车场
2　商店/车库
3　卧室
4　浴室
5　起居室
6　露天平台
7　餐厅
8　厨房
9　入口
10　书房

地面层平面图

0　2　4

Peiffer 住宅

Crahay & Jamaigne Société 建筑事务所

www.crahayjamaigne.com
比利时，Sourbrodt
2004年
版权所有：Laurent Brandajs

这个项目位于比利时阿登市中心的一个小镇的郊区。房屋坐落于沼泽遍布的湖边。建筑师在一座瑞士风格小屋的基础上加以扩展，借助于比利时典型的建筑风格与建筑材料，将房屋与周围环境完美地融合在一起。建筑师采来当地的石材建造外墙，再铺设以未经装饰的木材，大量的自然光通过窗户照进室内，充分地利用了太阳能资源。

设计的重点在于南面视野的打造。房间面朝一座通过金属柱支撑悬吊在水上的被遮挡的阳台。木材为房屋提供了良好的保温隔热功能，这在当地严酷的气候条件下尤为重要。所有使用到的建筑材料，包括墙、地板、墙面的铺层都是天然材料。而其他的元素，比如中央加热系统或者电力装置，则是自动化机械系统。这个项目的灵感来自于对开发可持续建筑（使用未加工、可循环材料）的真诚兴趣以及节约能源的理念（生产可再生的热能，比如利用太阳能）。

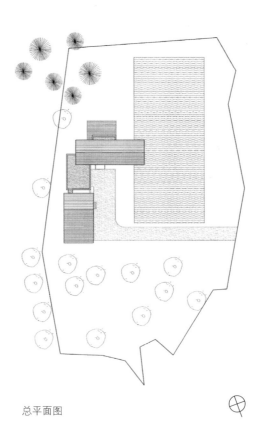

总平面图

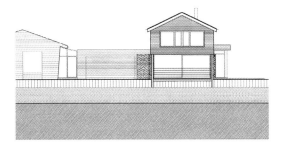

北立面图

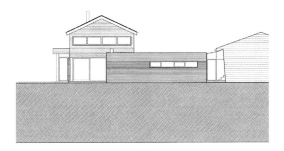

南立面图

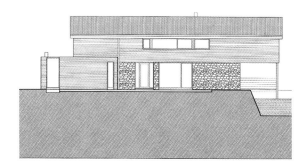

西立面图

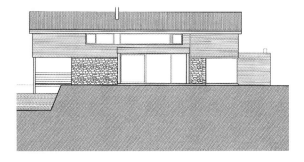

东立面图

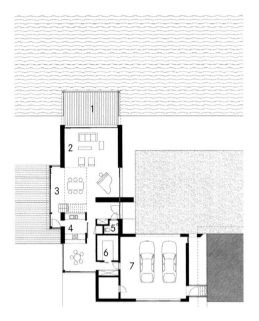

1 有遮盖的阳台
2 起居室
3 餐厅
4 厨房
5 洗手间
6 储藏室
7 车库

一层平面图

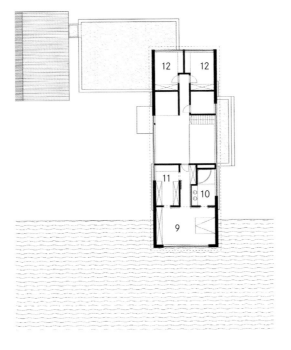

12   12

11   10

9

9   主卧室
10   主浴室
11   更衣室
12   卧室

二层平面图

0   2   4

玻璃

公元1万年以前，玻璃就走进了人类的视野。世界上第一块玻璃产自于古埃及，第一块透明玻璃大概是在公元前1500年左右出现的。但是直到公元前3世纪和4世纪，叙利亚才发生了第一次关于玻璃的工业革命，当时，人类发明出玻璃的吹制工艺，并传播到古希腊和古罗马。但是到了中世纪，玻璃工业遭遇了一次大衰落。当时，只有阿拉伯皇宫中，还保留着对玻璃制品的应用。玻璃工业的真正兴盛源自于运用玻璃制作窗户，并且威尼斯人发明了通过打磨平板吹制玻璃给玻璃上釉的技法。在20世纪，我们可以看到玻璃在建筑物中得到大量的运用，特别是在建筑物的外立面上。

商业玻璃的原料是二氧化硅、稀释液和凝固剂。二氧化硅拥有1700℃以上的超高熔点，这就是为什么苏打水，或者碳酸钾这些稀释液需要在这个温度添加进去才能使其变得柔软。这种工艺虽然提高了玻璃的可塑性，但是会导致玻璃丧失其化学持久性。为了避免这一点，一些凝固剂，比如石灰或者铅被添加进去，以此来提高玻璃的稳定性。

玻璃的生产过程始于基本原料的混合。根据化合物的构成，熔化温度处于1200~1650℃之间。当玻璃混合

3

物冷却下来时，人类将它们装进模具，再施以吹制、拉伸、按压，或者浮法工艺。浮法工艺是最广泛使用的制作平板玻璃的工艺。接下来，玻璃要经历冷却、烧制两个过程，以此消除在冷却过程中产生的玻璃的表面张力。最后一步则是玻璃的打磨和剖光。

玻璃这种材料，在其自然状态时，根据它的纯度，会呈现出绿色或者乳白色。当添加其他物质时，玻璃会变成透明状，这种特性决定了玻璃在建筑物中的用途，尽管半透明和带颜色的玻璃同样有广泛的功用。由于薄薄一片的玻璃不会提供良好的绝热和隔声功能，为了弥补这个缺陷，一种由两层玻璃和中间空气夹层组成的双层釉或者绝缘玻璃被制造出来。面对温度的变化，玻璃的反应良好。玻璃的密度与石材相当，所以它的耐久性、抗渗透性和卫生性也都非常好。

尽管先进的科技已经开发出了更加优质的玻璃，易碎性仍然是玻璃的一个弱点。安全玻璃来自于将还具有热度的玻璃迅速冷却，从而增强玻璃的阻力来抵抗力学和热力冲击。目前，尽管最常见到的还是用半板玻璃制作墙体或者釉面立面，但玻璃还有繁多的种类可以被广泛运用到建筑中。

住宅 20×20

Felipe Assadi

www.felipeassadi.com
智利，卡莱拉德坦戈
2005年
版权所有：Guy Wenborne

设计这座住宅需要满足客户以下几点要求：面积不能超过100m²；需要具备一个厨房、起居室和两间带有独立卫浴的卧室。因为选址是在一片果园里，为了防止灌溉用水涌进房屋，这座房子被设计师用柱子抬高了80cm左右。此外，很重要的一项要求是房屋的维修方法必须是简单的，要使用可以用水冲洗的建筑材料，还有房屋的装修可以适应这片区域的气候。为了满足这些要求，设计师选择玻璃作为主要材料。它的透明性同样保证了窗外树林的视野和乡村的其他景观不受阻挡。

为了确定住宅的尺寸和不同空间比例，设计师选择了尺寸为20cm×20cm的地砖：从而不管是地板的形状还是卧室，都被设计成以这种基数加倍而来的正方形。同时，黑颜色的陶瓷与纯净透明的玻璃在颜色上构成鲜明反差。

住宅的空间是根据它们的功能和方位进行分配的。卧室面朝东方，可以欣赏到日出的美景。在相反的一面，则有一个户外餐厅，可以充分利用从南方吹来的夏季微风。

107

　　西侧的空间内，容纳了烧烤房、水池、煤气罐储藏室。那里还有一个灰褐色的桌子以及用与房屋相同的陶瓷材料覆盖的平台。

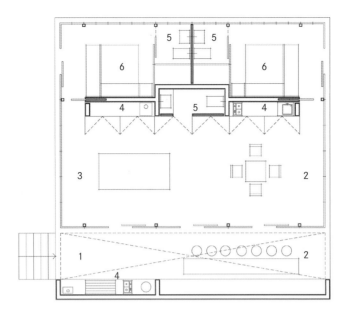

1	入口
2	餐厅
3	起居室
4	厨房
5	浴室
6	卧室

地面层平面图

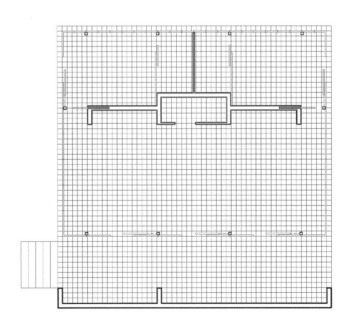

混凝土地面被20cm×20cm的瓷砖覆盖

0　2　4

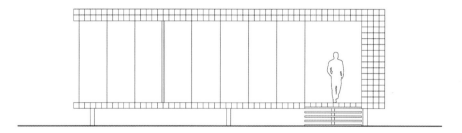

北立面图

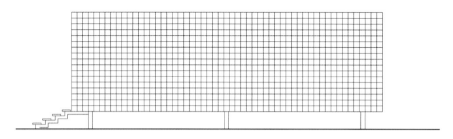

西立面图

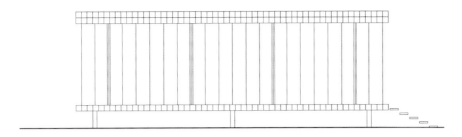

南立面图

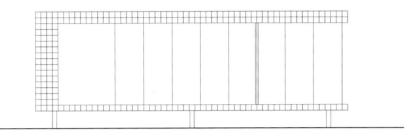

东立面图

　　玻璃被用于建筑物的外立面，使居住者的视野不受阻挡。
这也意味着在房屋内就可以享受到乡村美景。

水塔

Cécile Michaux/CM建筑联合事务所

比利时，布鲁塞尔
2007年
版权所有：Laurent Brandajs

位于马尔科尼（Marconi）大街167号，这座水塔由格龙代尔（Grondel）兄弟于1904年设计完成，是为附近的居民提供自来水配送的系统。水塔的使用年限是从1905年至1934年间，也正是在1934年，布鲁塞尔自来水公司突然倒闭。几经易主后，在1998年，布鲁塞尔自来水股份公司再一次购回了水塔，用来建造房屋和办公室。

这个项目包括翻修水塔和在场地的后方建一个配楼。建筑工作集中于建造两个房间，并将办公室放置于一层和配楼中。这个方案是一个总面积约为204m^{2}的三合体，带有106m^2、在原有蓄水池处改建的阳台，可以乘坐外部电梯到达。蓄水池的混凝土外壁已经被附有钢筋支撑的玻璃替换。玻璃和钢筋的使用既保留了蓄水池庞大的外观，同时充分地利用了阳光和空气，也保留了水塔34m的高度，为居住者提供了壮观的城市景色。建筑师还安装了一个带孔的金属遮阳伞，以保护室内免受阳光的炙烤。这座古老的工业建筑已经被改造成一座新颖的有创造性的住宅。

　　玻璃和钢筋替换了原有蓄水池的混凝土外壁。透明的玻璃
使得居住者可以欣赏美景，并将房屋与户外景观结合在一起。

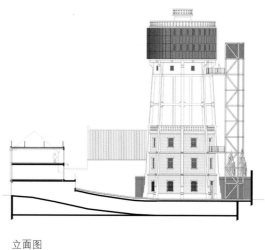

立面图

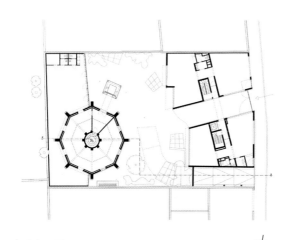

办公室平面图

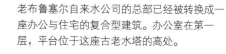

老布鲁塞尔自来水公司的总部已经被转换成一座办公与住宅的复合型建筑。办公室在第一层，平台位于这座古老水塔的高处。

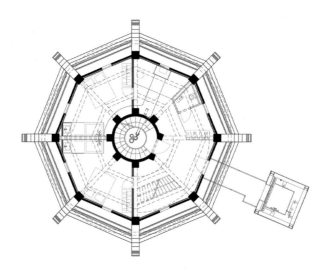

一层平面图

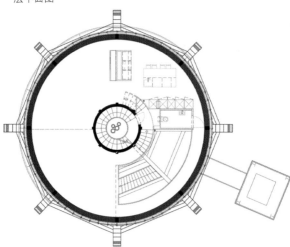

二层平面图

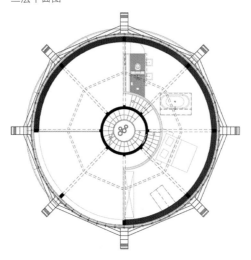

三层平面图

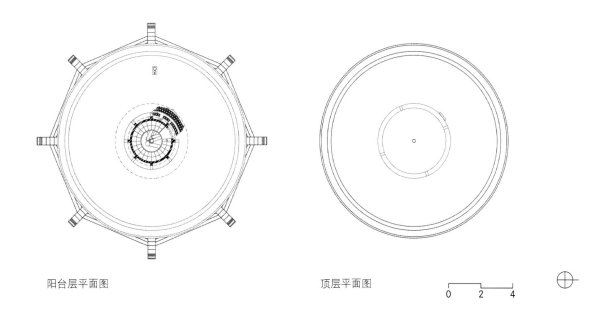

阳台层平面图   顶层平面图   0   2   4

金属伞既保护室内免于受到阳光的照射，同时又能透进阳光。房间其他位置的光线可以由窗帘控制。

玻璃箱 C1

格温内尔·尼古拉斯/ 好奇心

www.curiosity.jp
日本，东京，涩谷
2005年
版权所有：Daici Ano

从最初阶段，我们就可以很清楚地看到这位建筑师在开发这个项目中所展现出的创新精神。作为一个完全独创且独立的项目，在建筑师的规划下，建筑式样、室内设计和家具装修三者有机结合起来，并被人理解为一种独特的情感体验。一切都协同统一，彼此包容。在找到合适的建设场地之前，建筑师就已完成设计，设计基础是一座包围在可以连接房屋各层的通道之间的玻璃盒。建筑模型根据住户的视角进行设置，同叶基丁房屋内部人们的移动和临场效果进行调整。房屋的尺寸、比例、家具的高度都可以影响到人们的感觉，所以如果房屋内部没有人体验，想象内部的尺寸与比例将会很困难。

为了实现这种效果，建筑师选用了可以掩饰实物尺寸的建筑材料。比如，从外部看，木材和混凝土可以显示建筑规模，但是玻璃和白色的三聚氰胺却有助于在室内外产生相同的视觉效果。简洁的形状、白颜色的临场性和玻璃的透明性制造了一种非常轻柔、明亮的效果，从而创造出一种空间内人物区域的相关性。

围绕在建筑外立面的玻璃幕墙，可以使人们看到房屋两层之间的夹层与玻璃幕墙的背面。

窗帘保护了住户的隐私，并且营造出简约抽象的艺术效果。

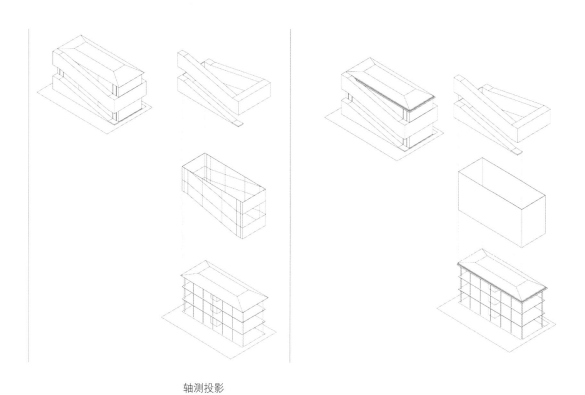

轴测投影

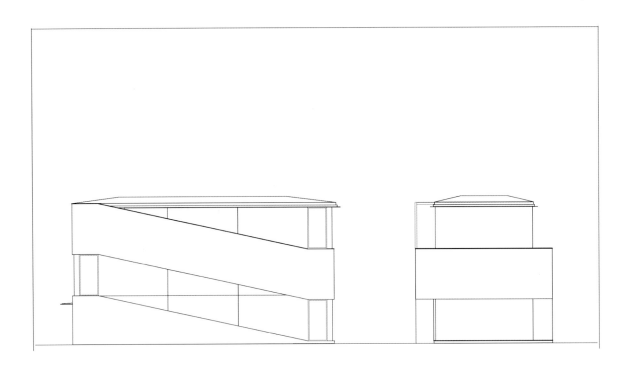

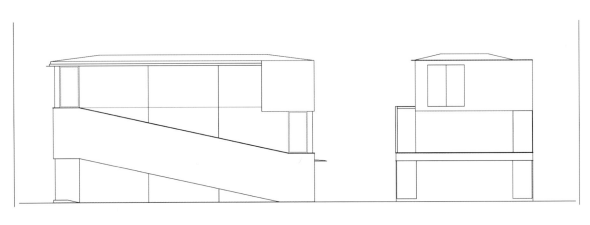

立面图

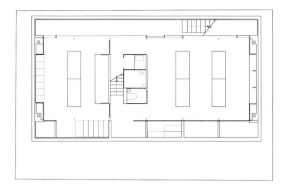

地下室平面图

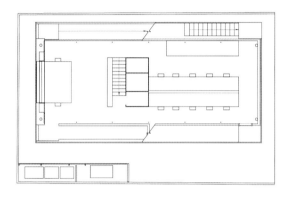

一层平面图

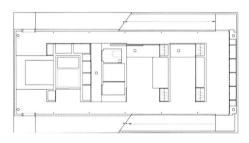

二层平面图

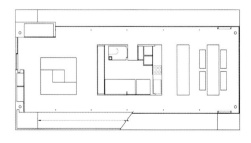

三层平面图

平面图展示了通道是如何围绕房屋并连接各层的。

0　2

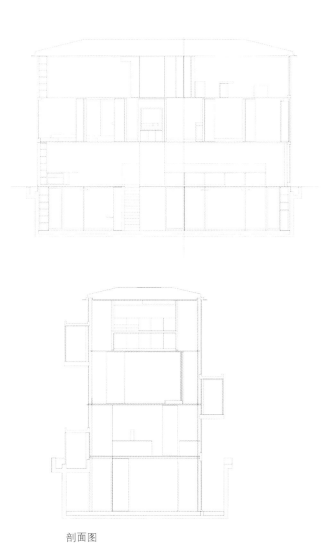

剖面图

Denis 住宅

德蒂尔及其联合事务所

www.dethier.be
比利时，Jehanster-Verviers
2000年
版权所有：Jean-Paul Legros

在这个项目中，建筑师提出了一个比市场上任何建筑都更富有创造性的设计方案，甚至可以作为有瓦屋顶、混凝土梁、砖砌外墙的传统房屋的替代品。因为使用了新型建筑材料与施工技术，Denis住宅更加具有经济实用性和环境适应性。建筑师的设计意图是创造出一片可以满足用户需求的使用空间。

建筑施工起始于果园中央混凝土地基上的轻质易碎的玻璃箱的组装工程。建筑结构由金属与预应力钢筋构成，再铺设以透明或半透明的玻璃。金属结构与绝缘玻璃共同与周围环境形成协同共生效果，并且为居住者与乡村环境之间提供了一种直接和亲密的关系。为了开发一种可以与周围环境相融合的自然制冷系统，设计师种下了一株葡萄树，让它的藤蔓沿着钢缆攀爬，覆盖住整个南墙外表面。葡萄藤的阴影将保护室内免于遭受夏日的酷暑，同时也具有保温隔热的效果。

这座房屋的设计采用了新兴技术与新型建筑材料，例如
保温绝缘玻璃，以及由蔓藤提供的墙体覆盖和机械通风设施。

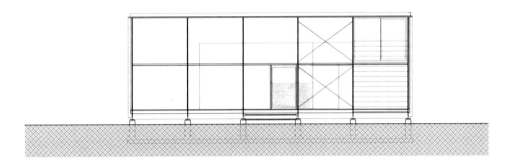

东立面图

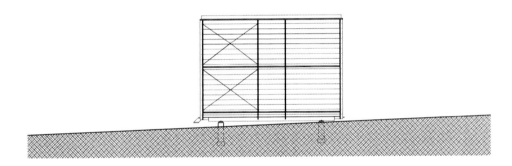

北立面图

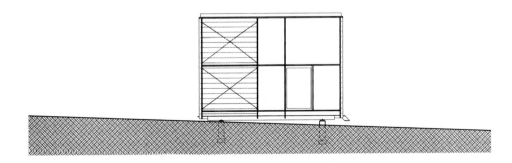

南立面图

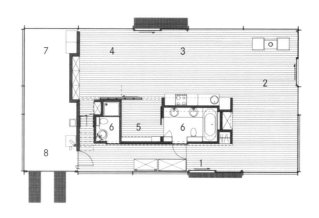

1	入口
2	起居室
3	厨房
4	读书室
5	主卧室
6	浴室
7	洗衣房
8	车库
9	学习室
10	卧室
11	地下室

一层平面图

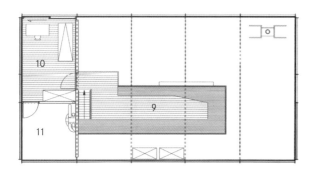

二层平面图

0 1 2

房屋内部空间中央，是容纳浴室和主卧室的有界区域，学习室在它的上层。

由金属柱构成的外部结构支撑着屋顶，可以创造出不受制约的建筑场地，使得建筑师根据住户需求在上面布置房屋。

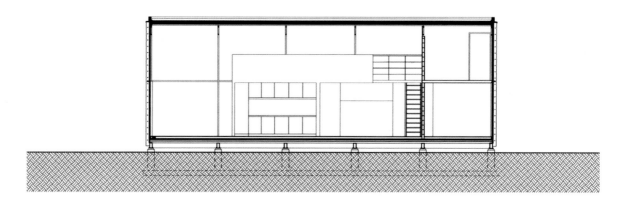

纵向剖面图

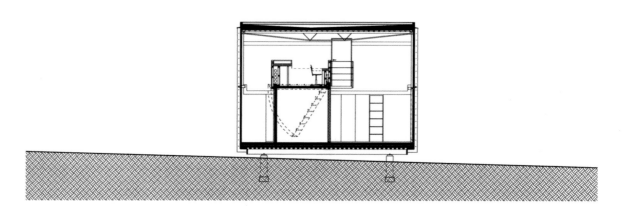

横向剖面图

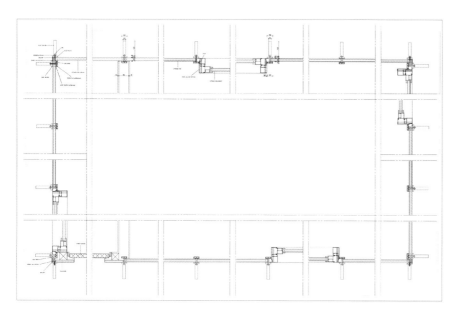

用于制作地面和屋顶的混凝土平板，是由用于浇筑薄层混凝土的模具制作而成的。这种金属片有助于分散混凝土平板的重力，并且显著地减小了它的厚度。

建筑细部详图

位于下鸭的住宅

Edward Suzuki 联合事务所

www.edward.net
日本，京都，下鸭，夜光蝶（Yakoucho）
2006年
版权所有：Yasuhiro Nukamura

这处房屋位于占地面积约为360m^2、在两侧还各有一座相邻房屋的土地上。项目目标是能够看到绿色植物，并且增加空间感。建筑师通过对接触面充满想象力的诠释实现了目标：即围绕在建筑周围并且能够在房屋与外界环境之间充当过滤层的屏幕。设计师安装了两种屏幕，一种为半圆形，由毛玻璃制作而成，在东北边包围并且保护着第二层建筑。这种玻璃墙，可以令轻柔的自然光照进室内，同时兼顾隐私性，是日本木障纸面板的表现形式；另一种屏幕由竹子制作而成，包围着植物种植区。

房屋内的布局分布于数层。在地下室，有一处面向庭院敞开的日式风格房间，以及一间客房和一间游戏室。第一层设有一间休息室、车库、带有卫浴和附属卧室的主卧室。第二层则容纳了一间大起居室、厨房、室内餐厅和观景餐厅。顶层有阳台和一座藤架。这些空间，几乎都是面向内部庭院敞开的，并用玻璃门或者窗户相连接。

覆盖在房屋外立面的玻璃板细部。
磨砂玻璃是日本传统建筑中木障纸板的表现形式。

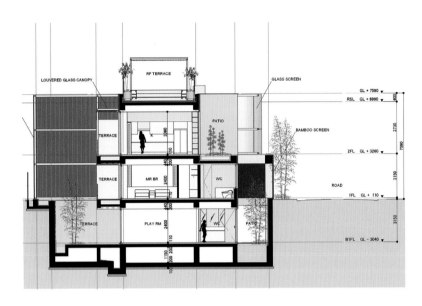

剖面图

1　浴室
2　学习室
3　客房
4　设备室
5　储藏室
6　日式房间
7　阳台
8　游戏室

地下室平面图

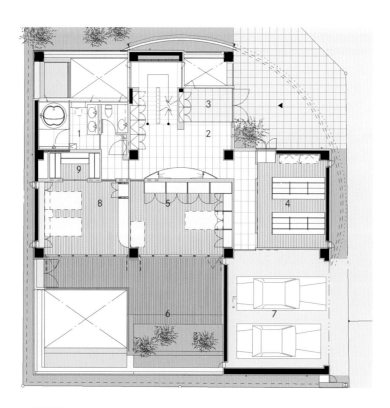

1　浴室
2　玄关
3　入口
4　储藏室
5　卧室
6　阳台
7　车库
8　主卧室
9　衣柜

一层平面图

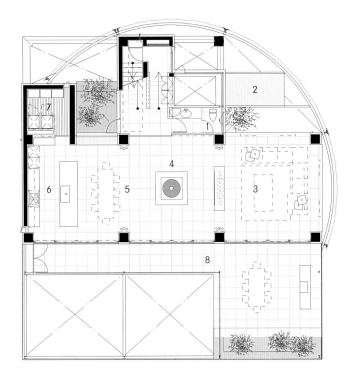

二层平面图

1 浴室
2 玻璃顶棚
3 起居室
4 烟囱
5 餐厅
6 厨房
7 储藏室
8 阳台

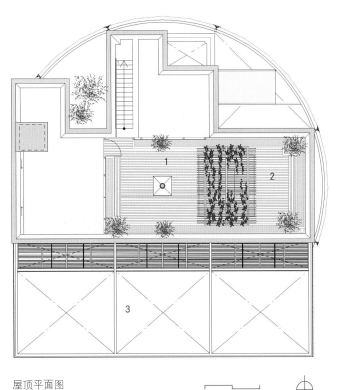

屋顶平面图

1 烟囱
2 屋顶阳台
3 藤架

0 2 4

房屋的内部空间布置围绕在室内庭院周围。
这种设计创造了多样的阳台、平台和开放空间。

金属

在建筑中使用金属与金属合金材料可以追溯至几千年前，并且伴随着科技进步的不断发展。在历史上，金属曾被用来为时代命名，比如青铜器时代和铁器时代。

在过去的几个世纪内，金属一直是被用来制造工具、武器和其他器皿的原材料。后来，金属开始被用作建筑装饰材料，直到19世纪下半叶，钢材才开始广泛应用于建筑中。钢材的推广在很大程度上要归功于贝西默（Bessemer）发明的炼钢术，这种方法的成本要低于同时期的任何一种其他方法。是工业革命、炼钢、制铝技术的发展推动了金属材料在建筑中的应用。

从技术角度讲，根据铝元素在元素周期表中的位置，铝和碱土金属有着截然不同的特性，但是，仍然存在着其他重要分类比如亚铁金属和非亚铁金属之间的区分。第一种类别包括铁、铸铁和钢材。第二种类别包含铝、锌、铅和黄铜，还有它们的合金制品。在实际操作层面，这种区分主要是介于金属与合金制品之间。

金属的成功推广来源于其多重特性，比如硬度、对压力和拉伸的阻抗力、柔性和它对循环使用的适应性等。金属是一种半透明、有光泽、易延展的材料，它是良好的热和电的导体。金属在建筑中的使用源于它的力学特性，比如对拉张力和压力以及被切割时的极大阻力等有价值的性能。一些金属可以彼此焊接在一起，从而变得更强壮。

然而，有些过程却对金属特性有着巨大损害。比如金属几乎不具备可燃性，温度的升高能够使金属失去力学阻抗力。生锈是金属的另一个常见反应。此外，如果有其他金属或者水介入，生锈过程会更加严重，并且会被腐蚀。使金属免于腐蚀的必要方法就是电镀或者上漆。

铁和钢材是两种最普遍使用的金属。含碳量少于2%的亚铁金属即被称之为钢。与铁相比，钢材更有弹性，并且可以焊接。铁容易生锈，需要施加保护措施。因为钢铁巨大的力学阻力，人们生产出用钢材和纯铁制作而成的建筑材料，从而完善它们的形状，使其变得更为有效。锌和铜制品比较容易被加工，并且有抗水性，所以它们通常被用作建筑物外立面。铝是一种轻质低密度金属，它被用在建筑中需要轻质和防水的地方，同样也是制作外立面的材料。

钢筋房屋

隈研吾建筑事务所

www.kkaa.co.jp
日本，神奈川县
2006年
版权所有：Mitsumasa Fujitsuka

这个项目最初的创意是建一座像商务火车车厢似的住宅。创意源自于屋主从童年起就对火车的疯狂的热爱，他也是位火车模型的热情收集者，并且希望可以居住在一个充满火车氛围的环境中。房屋共有两层，总面积113m^2，位于一块L形的场地上，看上去像一列停在斜坡上的货车，主要建筑材料为钢材。设计初期，设计师基于对结构和外立面的传统理解，意图将建筑主体设计为列车车厢。但是最终，设计师淡化了这一部分，反而将设计重点转为波纹钢组成的单壳结构，并且省略了梁柱。在这种设计理念下，这座建筑的造型似乎是处于传统房屋和主人想要的火车之间。

最基础的设计理念是将金属片折叠，使得这座单壳结构更加强壮并具有力学阻抗力，这样做还会使金属暴露在外，金属的所有物理特性也将曝光，从而与其他的材料区分开，比如曾经使用过的石膏板或者纤维水泥。它同样在金属与房屋居住者之间创造了一种足以超越时间的关系，就像建筑与石器或者木材之间已经建立起的联系。

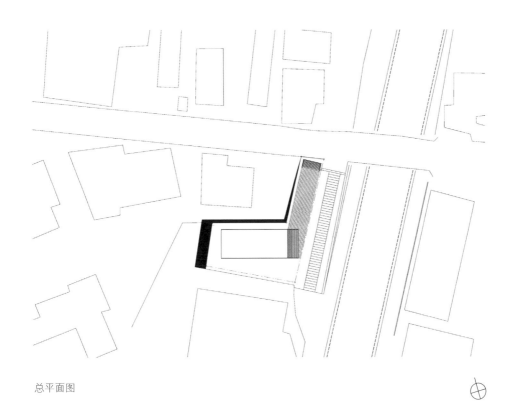

总平面图

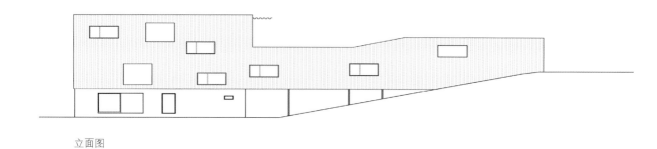

立面图

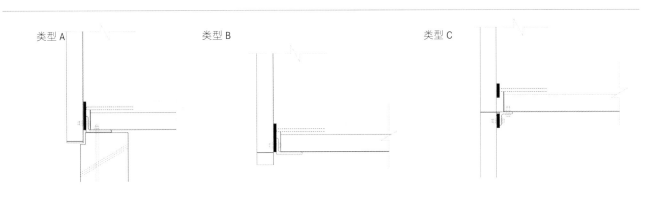

类型 A   类型 B   类型 C

墙与地面连接处的标准详图。钢筋混凝土
立面（A图）；底层架空柱立面（B图）；
层间立面（C图）。

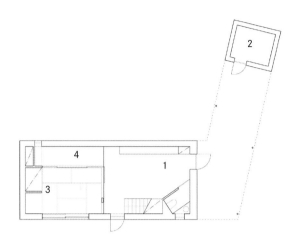

1 入口
2 储藏室
3 茶室
4 茶室附属的热水间
5 起居室/餐厅
6 模型室
7 火车模型架
8 厨房
9 设备室
10 车库
11 浴室
12 更衣室
13 走廊
14 卧室
15 壁橱
16 阳台

地下室平面图

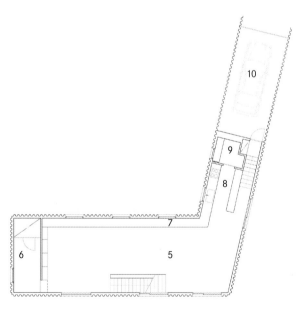

二层平面图

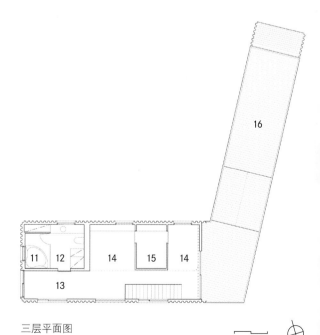

三层平面图

　　波纹钢板几乎出现在房屋的每一个角落。其他的金属元素，比如楼梯或者网格栏杆，都表现并且加强了房屋坚定、金属般的质感。

为茶道准备的茶室与热水室都位于地下室。

McCue 住宅

迈克尔・P・约翰逊设计工作室

www.mpjstudio.com
美国，亚利桑那州，凤凰城
2004年
版权所有：Bill Timmerman

这个项目是针对位于凤凰城中心的一座20世纪50年代老房屋的扩展工程。按照业主的要求，建筑师需要翻新、扩展，同时还需要克服很多挑战，比如不平整的地面和外立面的一些问题。此外，由于预算非常紧张，建筑师在决定下一步计划的时候需要格外小心和谨慎。

除了扩展房屋，地面和屋顶也需要做出一些改变。新扩展出来的区域现在容纳了一间与厨房连在一起的起居室，以及一个通过玻璃门就能到达的新阳台。而在材料方面，用于地面施工的是简单的尺寸为30cm×30cm的瓷砖。在屋顶上，建筑师决定采用波纹电镀钢筋，并将其暴露于房屋内外，以强调内部空间的现代感。

一面滑动玻璃门构成了位于起居室与新平台之间的南墙，使得居住者可以最大化地利用照入室内的自然光。这个项目是在预算有限、需谨慎选择材料的条件下，能够展现出建筑师的创意和执行能力的极好的案例。

翻修工程中设计出一个新的平台。悬挑创造出来的小走廊掩盖了房屋的入口处。

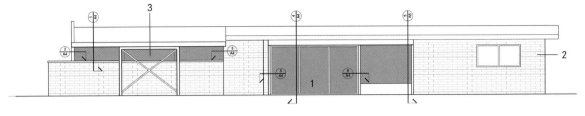

北立面图

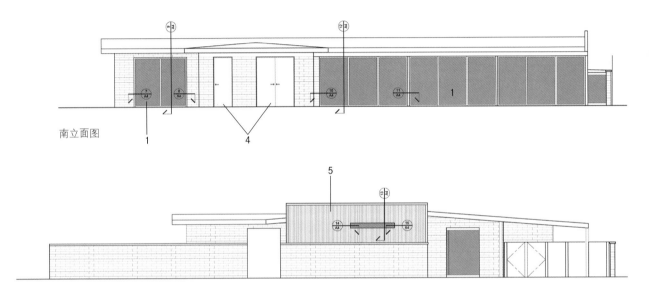

南立面图

东立面图

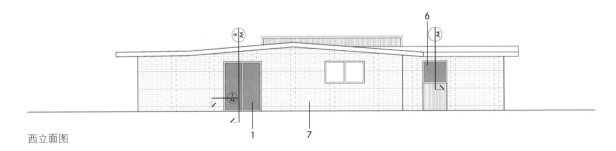

西立面图

1 滑动玻璃板
2 旧的混凝土砖墙
3 开口处的新玻璃板
4 旧的开口处

5 新建造的胶合板薄墙上的镀锌金属
6 新建造的窗户
7 旧墙

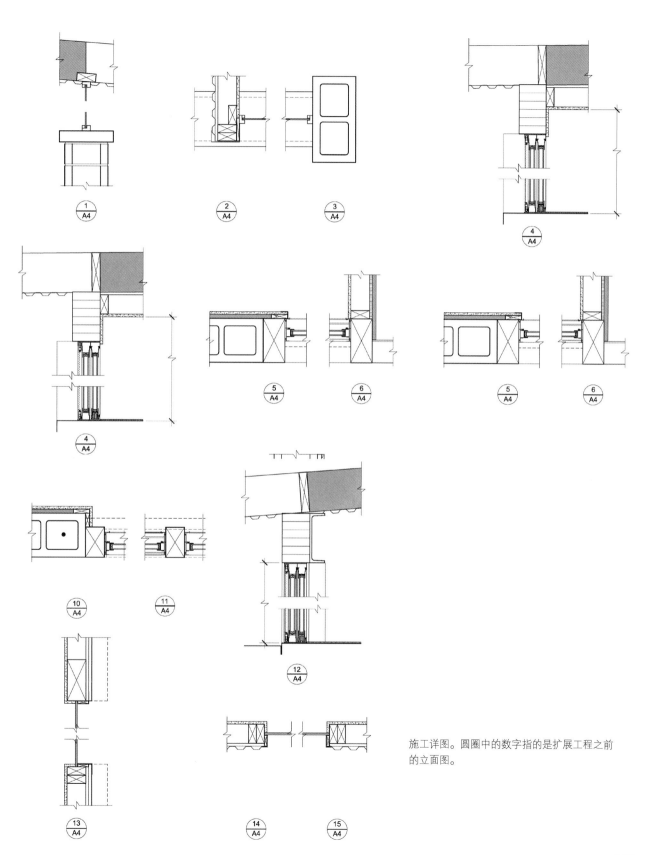

施工详图。圆圈中的数字指的是扩展工程之前
的立面图。

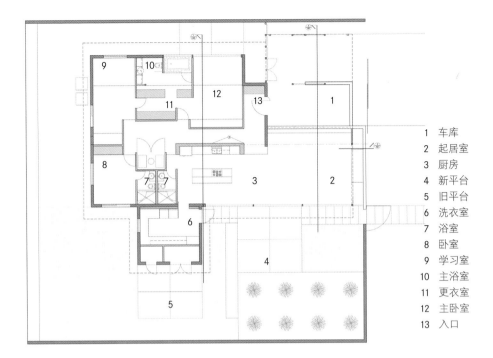

建筑平面图

0   2

1	车库
2	起居室
3	厨房
4	新平台
5	旧平台
6	洗衣室
7	浴室
8	卧室
9	学习室
10	主浴室
11	更衣室
12	主卧室
13	入口

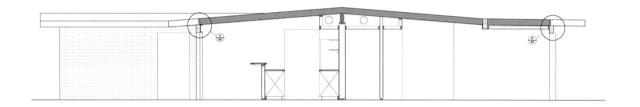

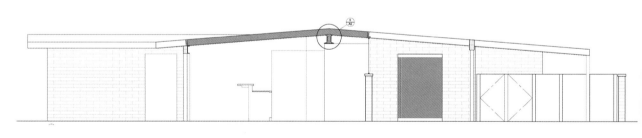

立面图

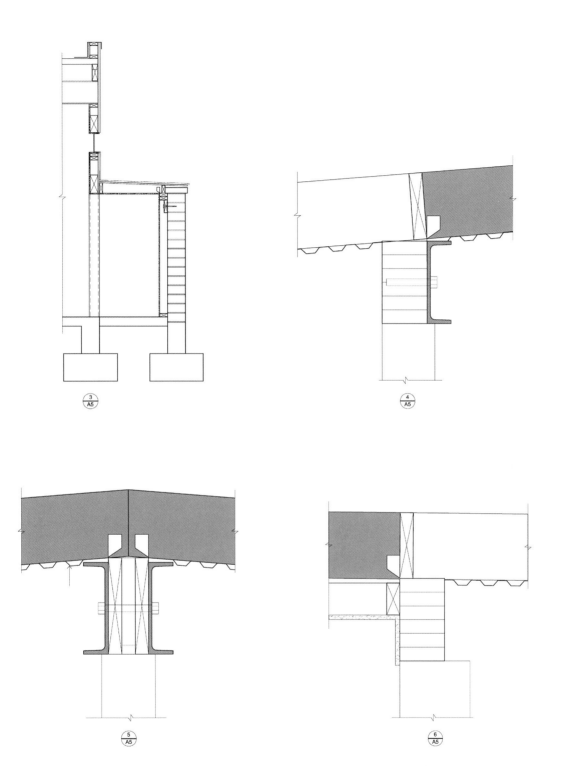

覆盖层详图。圆圈中的数字指的是旧立面图。

在屋外、入口走廊处和房屋内部，都可以看见波纹镀锌钢屋顶。

Rooftecture RS 住宅

远藤秀平建筑学院

www.paramodern.com
日本，大阪，羽曳野市
2007年
版权所有：Yoshiharu Matsumura

这座双层住宅的设计方法，令人想到城郊传统的独立屋住宅，但是它带有原创性的弯曲。这群房屋可以根据不同的设计方法分为两类：第一类称为R（辐射的）住宅，在设计时仅仅考虑到场地条件；另一类被称作S（直线的）住宅，是后续设计的，因此在设计S住宅时，需要考虑到未来R住宅的存在。这两座建筑的整体框架与结构系统均由钢筋构成。曲线和直线都是设计师采用的形状，然而，对建筑师来说，形状的不同并不影响建筑物的观感，反而是建筑的开口处与共享区域改变着周围的环境。

R住宅是为独居的学生或者青年人设计的，所以这种设计方式实现了有限区域内对空间的最大程度的利用。六座房屋排列在一起，彼此分开距离，以保证足够的光线与通风需求。S住宅由一排四座房屋组成，每座房屋为两人设计。这些房屋带有小型庭院，与相邻房屋之间有墙为界，同样也能满足光照与通风需求。

总平面图

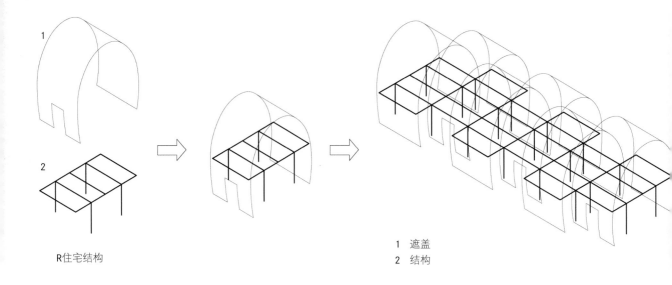

R住宅结构

1 遮盖
2 结构

R住宅一层平面图

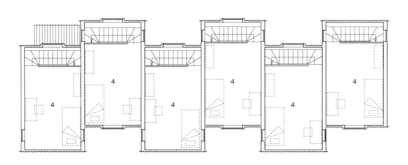

R住宅二层平面图

1 入口
2 厨房/餐厅
3 浴室
4 卧室
5 储藏室

R住宅所有的房屋，在二层都配有一间浴室、一间厨房和餐厅，以及一间起居室，房屋的遮盖由波纹钢制成。

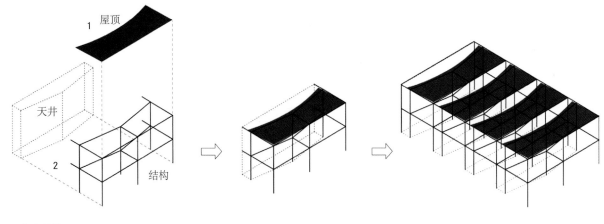

1 屋顶

天井

2

结构

S住宅结构

1 遮盖
2 结构

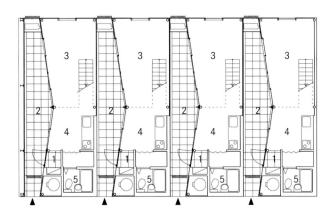

S住宅一层平面图

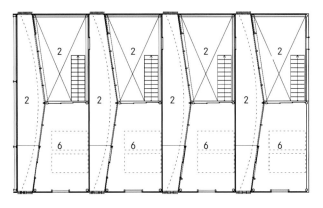

S住宅二层平面图

1 入口
2 庭院
3 起居室/餐厅
4 厨房
5 浴室
6 卧室

0 1 2

总面积为40m²的S住宅可以容纳两个人。

这幅图片展示的是将两座S住宅轻微分开的庭院。这部分的空间增加了照进室内的自然光线，如右侧的图片所示。

Grouf 住宅

Ben Frombgen / Lundberg 设计

www.lundbergdesign.com
美国，加利福尼亚州，希尔兹堡
2004年
版权所有：Adrián Gregorutti

为这座周末度假屋准备的有限的预算促使建筑师做出了特别的选择：采用在工业和商业建筑中更常见的金属结构。钢结构和外壁板仅用了3周时间就组装而成，这比建造一座传统房屋所必需的4个月时间迅速得多，而且成本上的差异同样意味着这座建筑可以比在通常情况下更加高大。

房屋的开口处，比如大型玻璃幕墙，为住户提供了索诺马（Sonoma）县的乡村风光。为了调整窗户的尺寸，建筑师使用了滑动玻璃门，同建造一个固定尺寸的窗户相比，这是一个更加经济的做法。为了节省成本和完成项目的时间，内部装饰被省略掉了。比如，在房屋内部，金属面板是暴露在外的，结构梁也只是简单喷漆。大片的布被挂到了粘有壁毯和柔软的内部装修材料的墙上，这可以有助于控制金属环境中的噪声。楼梯也是标准的简易楼梯。外墙装修采用铝锌合金镀层，钢筋在镀锌之后立即失去光泽。房屋最终的形状是简洁而不乏优雅，并与周围的自然环境形成鲜明对比。

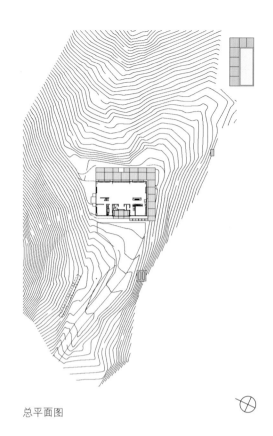

总平面图

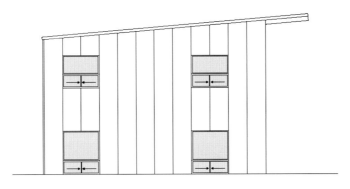

南立面图（北立面图在相反方向完全相同）

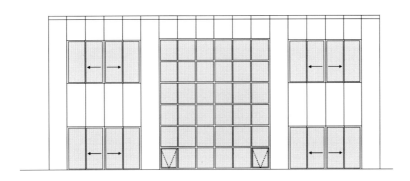

东立面图

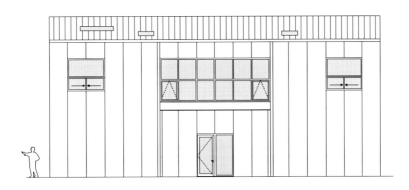

西立面图

立面图说明了窗户的巨大尺寸，将部分窗户设置为可调整的滑动玻璃门，这种设计降低了成本和完成项目所需要的时间。

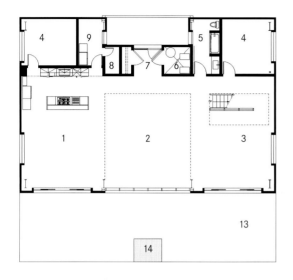

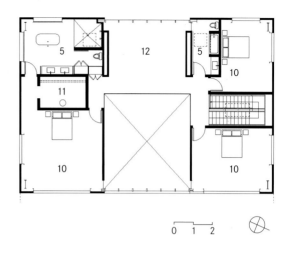

0 1 2

建筑平面图

1 厨房/餐厅	6 安装控制室	11 更衣室
2 起居室	7 入口	12 健身房
3 家庭休息室	8 酒窖	13 平台
4 学习室	9 食品室	14 壁炉
5 浴室	10 卧室	

地面由几种材料制作而成：一层地面是混凝土，二层是枫木，而浴室地面则铺设了大理石瓷砖。

F住宅

M2 Nakatsuji 建筑师工作室

www2u.biglobe.ne.jp/ ~m-naka
日本，兵库县
2004年
版权所有：Toshiharu Kitajima

这座住宅是为一个拥有保时捷轿车的家庭设计的，可以说，是轿车启动了设计，用"面罩"覆盖轿车的创意成了项目发展的源头。居住者将会占据"面罩"的剩余空间，保时捷也成为房屋的一部分。这座三层房屋内部分布是以一种分层结构的形式，似乎漂浮在轿车周围，而建筑师将这种结构称之为连接件。在第一层中间，一座简易的金属楼梯拔地而起，并将其他的楼层连接在一起。房屋是由钢柱和不同尺寸的H形梁板组装而成的钢结构建筑。地面和楼梯踏步表面铺砌陶瓷、乙烯基和橡胶制成的材料，黑色的表面与墙上的灰色壁板和白色家具形成反差。

金属材料同样被使用于室外。如同内墙壁板，钢板也被用于房屋外墙的铺砌层，看上去就像没有完工一样。墙上的小孔洞使得短箭般的光线照入室内，装饰了内部空间。外墙壁板的连接处安装有铝管，在雨天可以起到排水管的作用。

总平面图

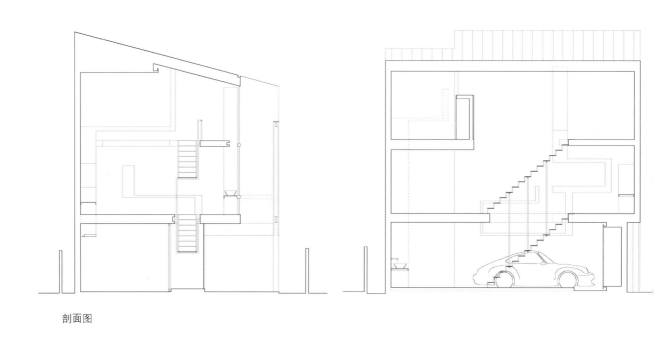

剖面图

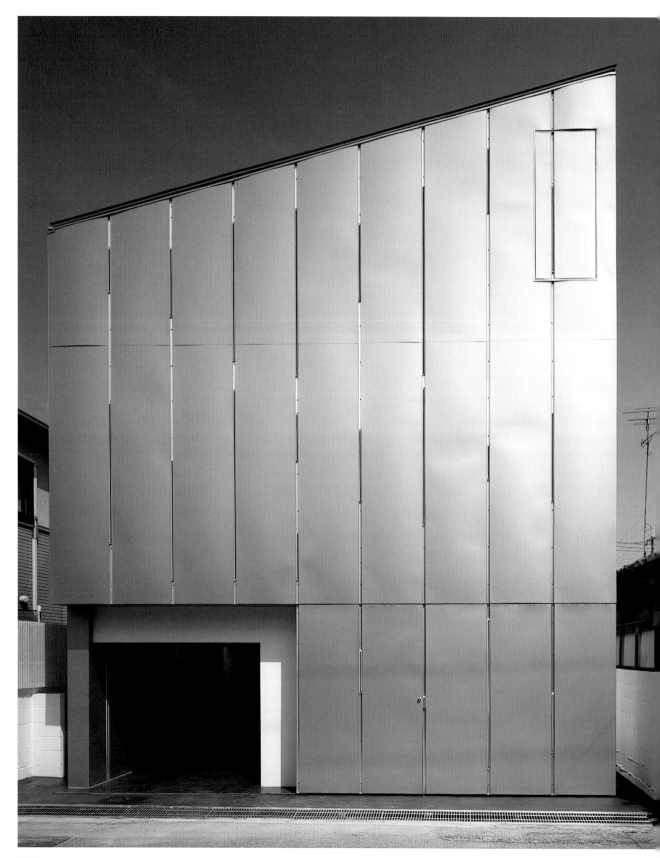

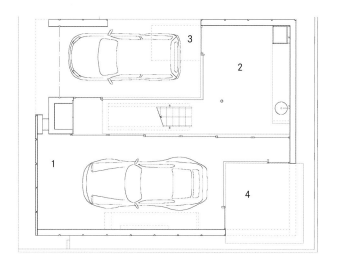

一层平面图

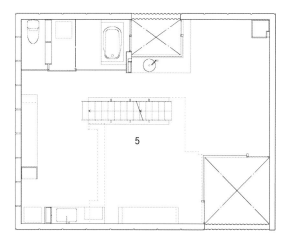

二层平面图

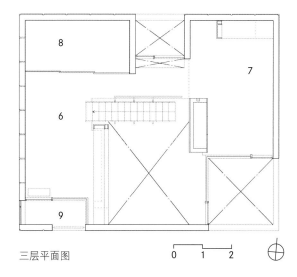

三层平面图

1 走廊
2 玄关
3 车库
4 庭院
5 起居室、餐厅、厨房和浴室
6 车间
7 会客室
8 储藏室
9 阳台

0   1   2

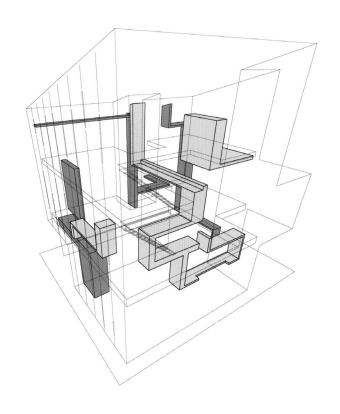

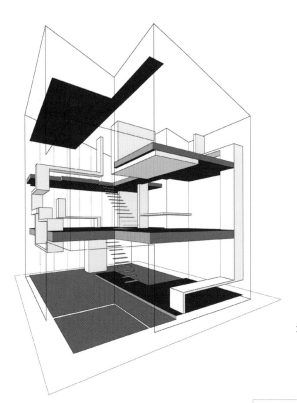

透视图显示了房屋内各楼层间的结构。

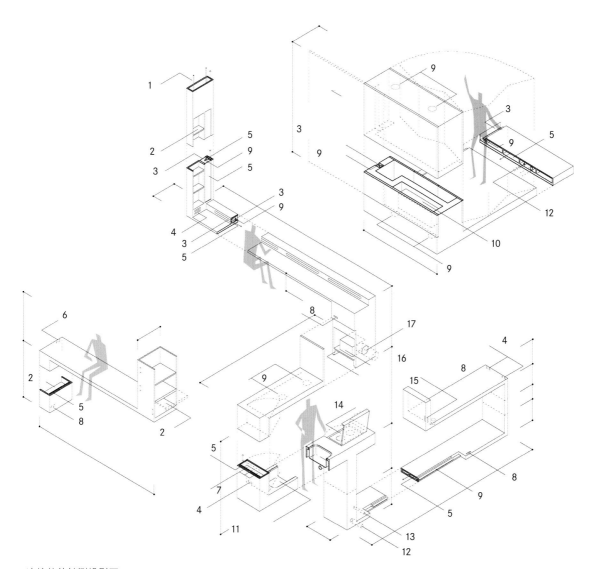

连接件的轴测投影图

1	钢筋 直径=12	10	空调
2	搁板	11	不锈钢水池
3	丙烯酸树脂板	12	排水管
4	电灯开关与电源插座	13	煤气管道
5	电线	14	小煤气炉
6	电灯开关	15	不锈钢板
7	交互通信系统与远程控制设备	16	排气扇
8	电源插座	17	钢管，直径=150
9	照明设备		

借助组成建筑外壁的半透明钢板，光线可以通过墙上的
小孔洞进入室内。

组成建筑外壁的金属板可以透过窄小的光柱，在黑色的地板上形成迷人的花纹。

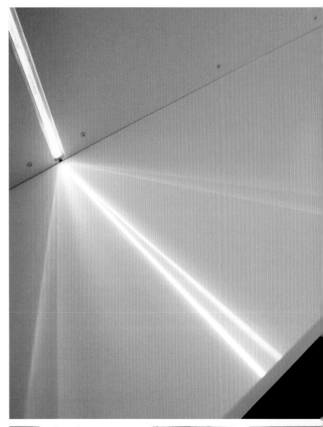

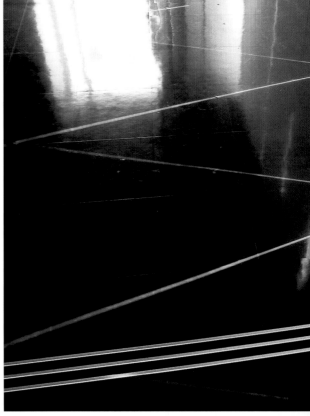

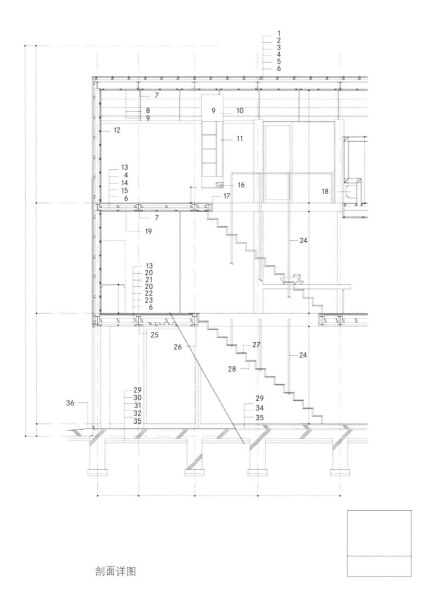

剖面详图

1 镀锌钢板，厚度=0.4	13 乙烯基地砖	26 石灰板 厚度=12.5mm 覆盖乙烯基薄板
2 沥青薄膜	14 木条 45×40@303	
3 聚苯乙烯薄板，厚度=4	15 木条 45×57@303	27 钢板 厚度=12
4 木丝板 厚度=12	16 照明设备	28 钢条 25×25
5 泡沫塑料 厚度=40/ 木块 45×45 @380	17 铝制三角片 1×15×15	29 瓷砖
6 弯曲钢板 厚度=1.6，高度=50	18 空调	30 混凝土板 厚度=200
7 梁：H形钢筋，100×148	19 石膏板 厚度=9.5mm，乙烯基板	31 聚乙烯板 厚度=0.15
8 石膏板 厚度=9.5mm	20 胶合板 厚度=12	32 混凝土 厚度=50
9 纤维钢筋水泥板 厚度=5mm	21 地面供暖板 厚度=12	33 碎石 厚度=50
10 三聚氰胺树脂胶合板 厚度=20mm	22 泡沫塑料 厚度=30/木条 45×75@303	34 轻量混凝土层 厚度=75
11 丙烯酸树脂板，厚度=20	23 木条 45×90 @900	35 泡沫塑料 厚度=25
12 不锈钢螺旋	24 钢条 35×35	36 彩色混凝土
	25 梁：H型钢筋 100×200	

混凝土

可以这样说，目前为止，混凝土是最杰出的建筑材料。它之所以能够广泛地应用到几乎所有类型的建筑中，主要归功于几方面原因，比如对波特兰水泥的发现与钢筋混凝土的发明。此外，生产混凝土所需的大量低成本的原材料也是它能够成功推广的另一个原因。

古罗马人曾经把混凝土与水、石灰和火山灰搅拌在一起用作建筑材料（Borrallo，2000），尽管与我们今天所使用的混凝土不同，但它却拥有悠久的历史。这种材料是最基本的，也是最经济适用的，在上面还能继续铺砌砖块与石材。通过加入钢条、金属丝，或者钢丝网，

今天的钢筋混凝土与过去相比已经有了不同的特性。人类从19世纪中叶开始使用混凝土，第一次面世是在1855年的巴黎世界博览会上。在1867年召开的巴黎世界博览会上，莫尼尔（Monier）和科伊内特（Coignet）展示了大量由钢筋混凝土制作的建筑构件。

今天的混凝土基本上还是由水泥（人们常说的波特兰水泥）、干料（沙子与碎石）和水制成，人类常常通过添加一些外加剂来改变混凝土的某些性能。水泥的主要功能是将所有干料，例如沙砾、碎石等物质粘合成混合物，它们构成了混凝土成分的60%到80%，所以这些混

5

合物的特性，比如质量和阻抗力，对硬化混凝土的表现至关重要。

　　新拌混凝土与已经定型的混凝土相比有一个显著的不同，即前者在与其他物质混合直到固定的这段时间内可以进行加模塑造。它的特性包括黏稠度、可塑性、匀质性，这取决于所使用的水泥种类、加水量，或者外加剂。混凝土的匀质性是通过控制混合、运输、倾倒和压缩过程实现的。人们将混合物放入模具或者模板中，通过粉碎或者震动等压缩程序来消除混合物中的气泡。在最终的固化过程中，需要考虑到气温和空气潮湿度等因素。一旦混凝土被定型，它就会变成具有力学抵抗力和耐久性的材料。

　　在相同的技术手段下，应用混凝土预制构件的出现为混凝土材料的推广做出了极大的贡献。这种工艺对土木工程和工业厂房建设非常重要，如今也被推广到住宅建筑中。对混凝土预制构件的应用也赋予了建筑师极大的自由度去设计既稳定坚固又拥有别样风格的建筑结构。

太阳伞住宅

Pugh & Scarpa

www.pugh-scarpa.com
美国，加利福尼亚州，威尼斯
2005年
版权所有：Marvin Rand

太阳伞项目坐落于威尼斯市的住宅区内。建筑师所采用的材料与设计风格令这座建筑物成为加利福尼亚州新一代建筑中的佼佼者。太阳伞是一座现存住宅的扩展项目。房屋维持了它原有的布局：厨房、餐厅、起居室、浴室和两间卧室，但是位于南向的扩展工程已然改变了这座房屋的朝向。这片新空间创造了更深邃的入口，一间新的起居室、二层带有附属卫浴的主卧室、洗衣房和储藏室。

设计方案以一个用于遮蔽阳光的"伞"为设计基础，其灵感来自于建筑师保罗·鲁道夫（Paul Rudolph）的伞屋（1953）。在项目中，遮盖屋顶的新结构是由可满足房屋全部电能需求的太阳能板组成的。通常这种太阳能板只有一种功能，但是在这个项目里，它们也起了覆盖房屋，提供荫蔽的作用，并且与混凝土构件一起，为这座建筑定义了富有美感的建筑风格。加利福尼亚州现代主义者们习惯上倾向于考虑一个既开放又与内部空间在视觉和心理上相结合的外部空间。在这个项目中，建筑师消除了内外部空间的界限，并且在两者之间创造了更加富有动感的关系。

总图

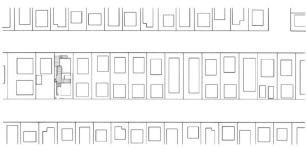

位置图

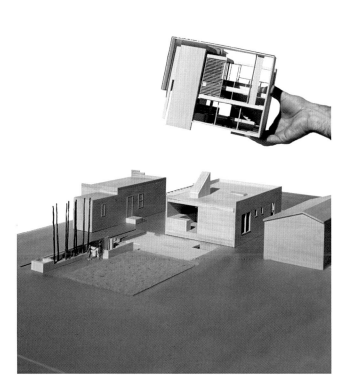

这个模型展示了新创造的空间。这项扩展工程将建筑物朝向改为南向，增加了照入室内的自然光线。

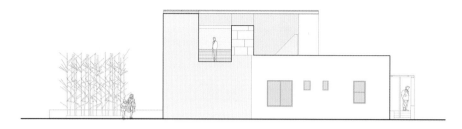

北立面图

南立面图

面向Boccaccio大街的立面图

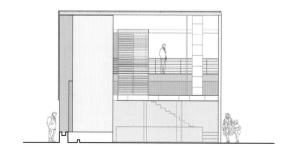

面向Woodlawn 大街的立面图

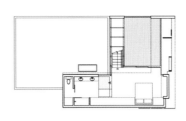

一层平面图

二层平面图

0 6 12 ⊗

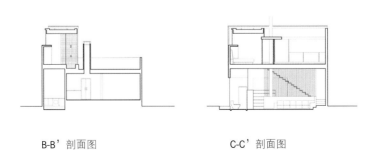

A-A'剖面图

B-B'剖面图   C-C'剖面图

借走廊的玻璃幕墙与窗户，光线洒入住宅，在不同的方向均创造出照明效果。

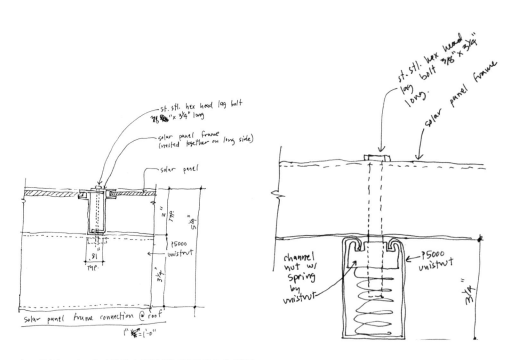

太阳能板，以及其连接处与焊接锚固系统的细部详图。

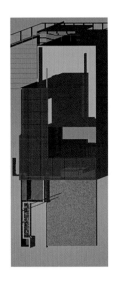

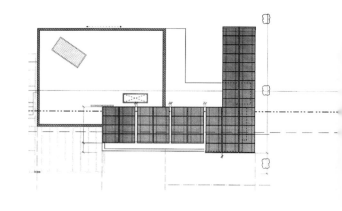

图表展示了太阳能板组成的遮篷。

位于贝龙的住宅

HŠH 建筑师

www.hsharchitekti.cz
捷克共和国，贝龙
2004年
版权所有：Ester Havlová

这座外观奇异的建筑，位于贝龙市南部的山边、国家的正中心。建筑师的目标是创造一个可以根据家庭意愿而改变内部分布的房屋。借助简单的线条和简洁的抽象派艺术风格，24块立方体组成了这座双层宽敞空间的建筑，混凝土被填充到钢筋框架结构中。房屋没有主要的外立面或者有层次的房间，用相同的方法连接不同的空间。每一块立方体都代表了一个独立区域，一个已被分配了独特功能的单元。个体空间可以通过人们的位置与在这个想象中的象棋棋盘内占据的单元格数量来确定。

内部区域的排列为这个家庭住宅提供了空间和可操作的能力。墙体根据基本的网状结构被安装在尺寸为3m×3m的框架中，它们还可以被卸下修理和根据住户的需求移动。立方体在垂直与水平方向上连接着彼此，允许人们看到楼房的几何学结构。房屋内没有走廊，住户可以完全自由地行动。一座螺旋楼梯连接着两层，混凝土与玻璃组成的墙体同时在房间内外部创造了优雅的感觉。

　　立方体的结构与布置，意味着空间可以被放大或者缩小，甚至可以连接到上层空间。根据住户的需求，混凝土可以被拆卸修理和移动。

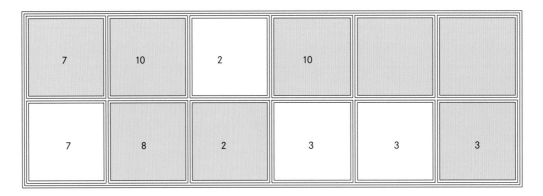

正立面图

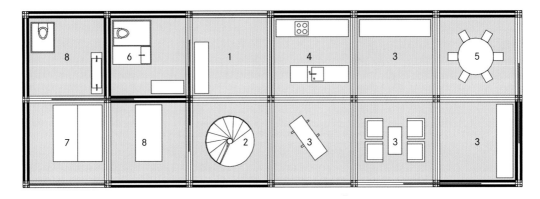

一层平面图

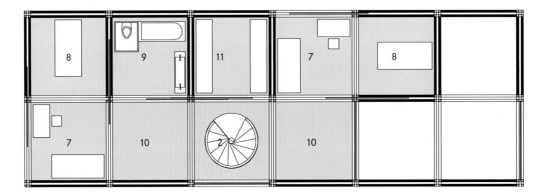

二层平面图

1 入口
2 楼梯
3 起居室
4 厨房
5 餐厅
6 洗衣房与盥洗室

7 卧室
8 更衣室
9 浴室与盥洗室
10 游戏室
11 储藏室

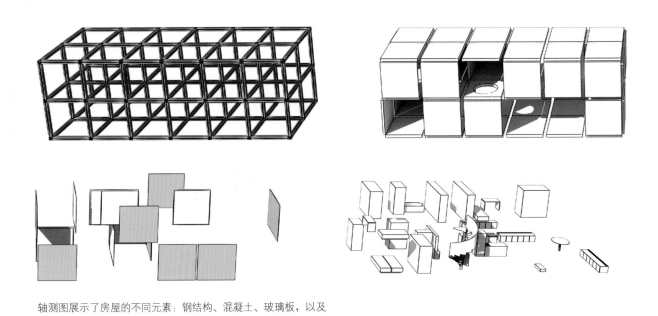

轴测图展示了房屋的不同元素：钢结构、混凝土、玻璃板，以及房屋内部元素。

立方体根据他们的功能和家庭需求进行连接，从而创造出更大或者更小的空间。房屋后面是一座通向顶层的螺旋楼梯。

位于 Chikata 的住宅

藤本寿德建筑联合事务所

www.jutok.jp/en
日本，广岛市，福山
2003年
版权所有：Kaori Ichikawa

这座住宅坐落于福山市近郊，周围稀疏的人口，使得它更像一座村庄。建筑师最基本的设计目标就是为房屋与外部环境创造出一种连接感。为了实现这个构想，建筑师放弃了临街而建，而是将房屋设置在场地后方，周围的草地将其与公共路径隔离开。混凝土作为建筑材料在建筑物、框架结构与房屋孔洞处之间创造出平衡感。对混凝土的使用意味着那一部分的结构的可见性。

这座房屋拥有一个阳台支撑于邻屋的长方形外墙之上。为了创造出一种轻盈的感觉，支撑平台的墙体高度要矮于房屋高度，使得光线在白天能够照入室内。起居室内同样有一面中等高度的内墙，通过一座玻璃幕墙将室内外连接在一起。混凝土的悬挑屋顶，使房屋免于烈日与暴雨的侵袭。住宅共两层：第一层包括两间卧室、一间浴室与平台下的车库；浴室、厨房和起居室位于第二层，并与通向外部的走廊相连。

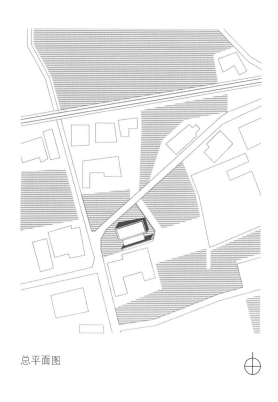

总平面图

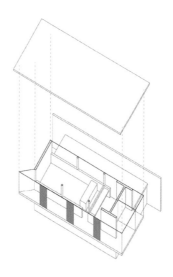

轴测投影图

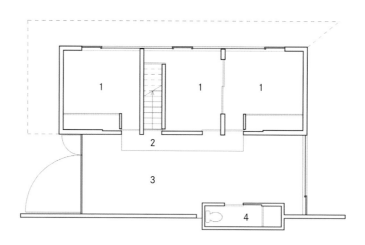

一层平面图

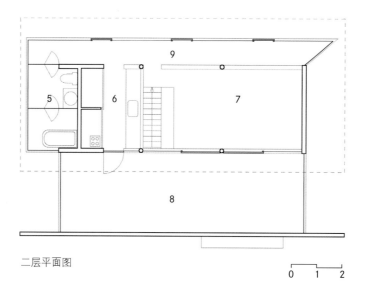

1　卧室
2　门厅
3　车库
4　盥洗室
5　主浴室
6　厨房
7　起居室/餐厅
8　平台
9　走廊

二层平面图

0　1　2

房屋上的大尺度玻璃，保证了室内充足的自然光线，以防止混凝土令空间变得昏暗。

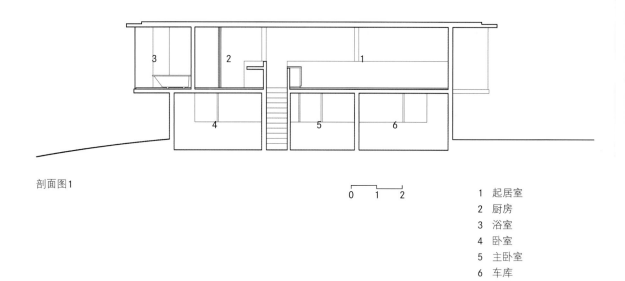

剖面图1

0　1　2

1　起居室
2　厨房
3　浴室
4　卧室
5　主卧室
6　车库

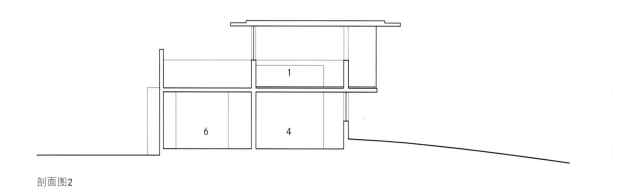

剖面图2

　　卧室被安置在首层，可以给居住者更大的隐
私空间，白天活动的区域则是能享受更多自然光
的二层。

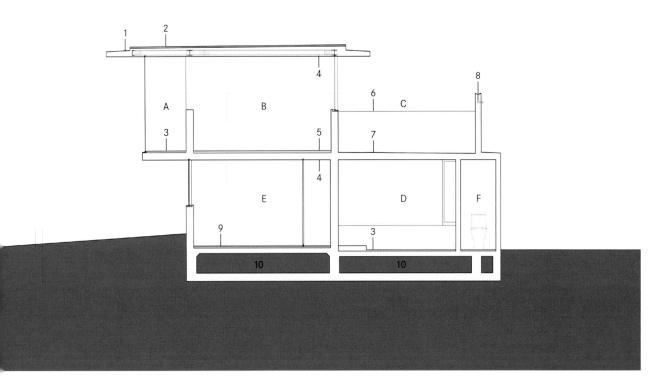

剖面详图

1　屋檐：金属混凝土结构，抹灰装修，薄膜涂层
2　屋顶：铺设防水薄膜，混凝土金属抹灰装修，绝热
　　层厚度=30
3　地面：灰泥金属抹灰装修，厚度=30
4　顶棚：建筑混凝土
5　地面：灰泥金属抹灰装修，厚度=30，绝热层厚度=
　　20，地热
6　栏杆：透明玻璃，高度=1100
7　地面：防水混凝土金属抹灰装修，薄膜图层
8　栏杆：混凝土金属抹灰装修，排水管直径30
9　地面：瓷砖铺面，厚度=6；胶合板垫层，厚度=12；
　　绝热层，厚度=30
10　土方回填

A　走廊
B　起居室
C　平台
D　车库
E　主卧室
F　盥洗室

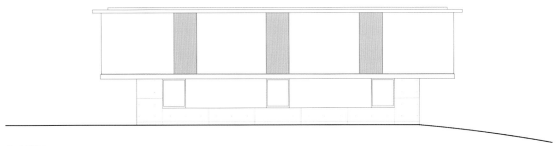

北立面图

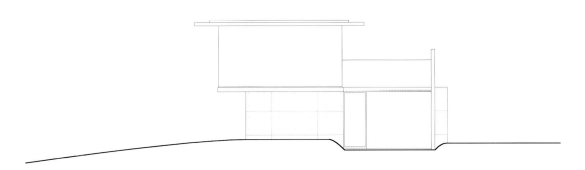

西立面图

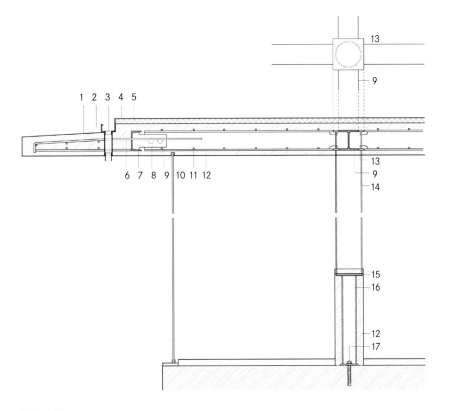
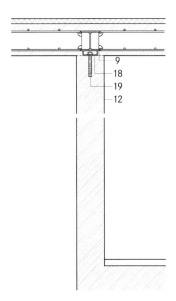

构造详图

1 薄膜涂层
2 弯曲不锈钢钢筋
3 不锈钢钢管
4 防水薄膜
5 绝热层
6 钢筋
7 槽型钢 125×65
8 鱼尾板
9 H形钢梁剖面图 125×125
10 窗户的元素

11 焊接钢筋
12 钢筋混凝土
13 钢板
14 钢管柱，直径=165.2
15 底座
16 钢管90×90
17 经过化学锚固的钢板和有头螺栓
18 槽型钢 100×50
19 经过化学锚固的有头螺栓

Bio 别墅

Cloud 9

www.e-cloud9.com
西班牙，菲格拉斯
2004年
版权所有：Luis Ros

这座房屋位于一座只有35000人口城市的宁静居住区中。对于它所处的平静环境来说，它拥有一种轻微的革命性的建筑风格。房屋主人希望屋内空间充满大量的自然光线，因此，这座房屋被设计为一座占据整个斜坡的巨大的"皱纹"。房屋被分成两部分，看上去就像粗糙的小山坡在场地的最高点结合在一起。其中的一部分被抬高，而另一部分则是沿着不平整的地面建设。与曾经用来装饰钢筋混凝土表面的方法一样，流体运动以波纹的方式在建筑外壁上体现出来。另一房屋与室外环境的连接之处则是屋顶，设计师将屋顶设计成一座花园，在上面还覆盖了7cm厚的土壤，这也为室内提供了保温隔热的功能。

在室内，楼梯被坡道替代，强化了流体的感觉，并创造出连续性的小径。室内的空间也非传统形式，因为对开放式空间的喜爱，房间的概念被设计师放弃，只有几个区域被内墙部分包围着。复杂的照明系统补充了自然光，如同聚光灯一样，室内安装一个望远系统，通过热离子灯向室内投射光线。

　　室内，环绕在一些空间周围的内墙将某些区域与使用空间分隔开，同时不影响整体房屋的流水形设计。

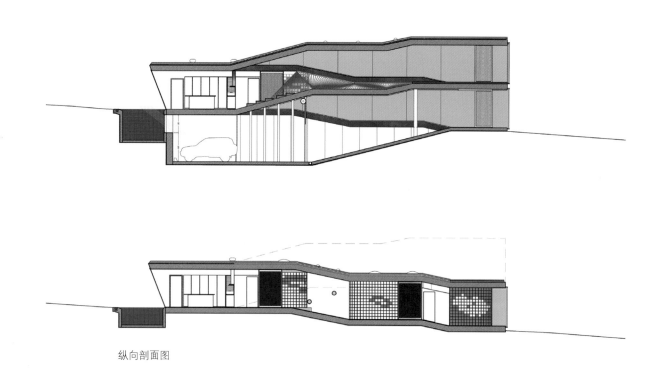

纵向剖面图

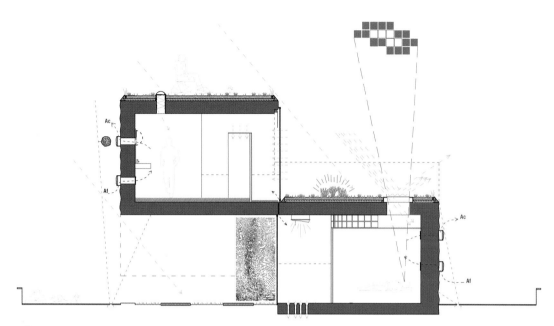

横向剖面图

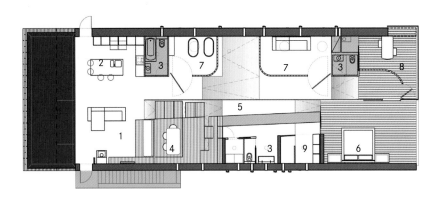

地面层平面图

1	起居室
2	厨房
3	浴室
4	餐厅
5	坡道
6	主卧室
7	卧室
8	学习室
9	更衣室

0   2

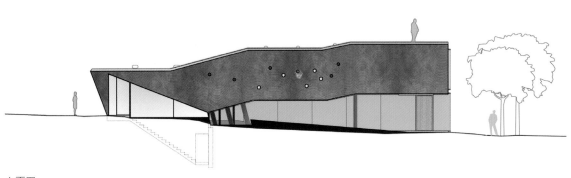

立面图

城市里更加常见的这种混凝土所创造的令人冷静的氛围，
在这个案例中与房屋周围和屋顶上的植被形成对比。

　　Bio别墅对带有上升或下降斜坡的不平整地面做了调整。
钢筋混凝土结构组成的多层建筑通过斜坡相连接，好像一个
人正通往车库。

名址列表

P.146   Edward Suzuki 联合事务所
(Edward Suzuki Associates)
Maison Marian 3F, 15-23, 1-chome Seta,
Setagaya-ku
Tokio 158-0095, Japan
Ph. +81 3 3707 5272
F. +81 3 3707 5274
esa@edward.net
www.edward.net

P.170   迈克尔·P·约翰逊设计工作室
(Michael P. Johnson Design Studios)
PO Box 4058
Cave Creek, AZ 85327, USA
Ph. +1 480 488 2691
 F. +1 480 488 1656
michael@mpjstudio.com
www.mpjstudio.com

P.182   远藤秀平建筑学院
(Shuhei Endo Institute)
6F, 3-21, Suehiro-cho, Kita-ku
Osaka 530-0053, Japan
Ph. +81 6 6312 7455
F. +81 6 6312 7456
endo@paramodern.com
www.paramodern.com

P.192   Ben Frombgen/Lundberg 设计
(Ben Frombgen/Lundberg Design)
2620 Third Street
San Francisco, CA 94107, USA
Ph. +1 415 695 0110
F. +1 415 695 0379
info@lundbergdesign.com
www.lundbergdesign.com

P.200   M2 Nakatsuji 建筑师工作室
(M2 Nakatsuji Atelier)
1-3-5-601 Ebisu-Nishi, Shibuya-ku

Tokio 150-0021, Japan
Ph. +81 3 5459 0095
F. +81 3 3477 0095
m-naka@mxj.mesh.ne.jp
www2u.biglobe.ne.jp/~m-naka/e-index.html (inglés)
www2u.biglobe.ne.jp/~m-naka (japonés)

P.214   Pugh & Scarpa
2525 Michigan Avenue, building F1
Santa Monica, CA 90404, USA
Ph. +1 310 828 0226
F. +1 310 453 9606
info@pugh-scarpa.com
www.pugh-scarpa.com

P.224   HŠH 建筑师
(H H Architekti)
SRO Grafická 20
150 00 Praga 5, Czech Republic
Ph. +420 233 354 417
info@hsharchitekti.cz
www.hsharchitekti.cz

P.232   藤本寿德建筑联合事务所
(Kazunori Fujimoto Architect & Associates)
13-20-902, Tera-machi
Fukuyama-city, ZIP 720-0041, Hiroshima, Japan
Ph. +81 84 926 9730
F. +81 84 926 9731
jutok@mx4.tiki.ne.jp
www.jutok.jp/en

P.244   Cloud 9
Passatge Mercader 10, local 3
08008 Barcelona, Spain
Ph. +34 93 215 0553
F. +34 93 215 7874
info@e-cloud9.com
www.e-cloud9.com

参考文献

Arcos Molina, Juan (1995). *Los materiales básicos de la construcción* (Basic building materials). Sevilla: Progensa.

Borrallo Jiménez, Milagrosa (2000). *Introducción a los materiales de construcción* (Introduction to building materials). Madrid: Bellisco.

Bustillo Revuelta, M. and Calvo Sorando, J. P. (2005). *Materiales de construcción* (Building materials). Madrid: Fueyo.

Hegger, M., Drexler, H. and Zeumer, M. (2007). *Basics Materials*. Basilea: Birkhäuser.